WTB Wissenschaftliche Taschenbücher

ROLF BORSDORF / MANFRED SCHOLZ
Spektroskopische Methoden in der organischen Chemie

WERNER HABERDITZL
Magnetochemie

GERHARD HEBER
Mathematische Hilfsmittel der Physik, Teil I und II

A. A. SOKOLOW
Elementarteilchen

HERBERT GOERING
Elementare Methoden zur Lösung von Differentialgleichungsproblemen

HEINZ AHRENS
Varianzanalyse

HANS-JÜRGEN TREDER
Relativität und Kosmos
Raum und Zeit in der Physik, Astronomie und Kosmologie

ALBERT EINSTEIN
Grundzüge der Relativitätstheorie

ALBERT EINSTEIN
Über die spezielle und die allgemeine Relativitätstheorie

GÜNTHER LUDWIG
Wellenmechanik. Einführung und Originaltexte

HARRY PAUL

Lasertheorie, Teil I und II

FRANZ RUDOLF KESSLER

Einführung in die physikalischen Grundlagen der Kernenergiegewinnung

EBERHARD HOFMANN

Eiweiße und Nucleinsäuren als biologische Makromoleküle

Dynamische Biochemie, Teil I

EBERHARD TEUSCHER

Pharmakognosie, Teil I und II

D. TER HAAR

Quantentheorie. Einführung und Originaltexte

J. H. SANDERS

Die Lichtgeschwindigkeit. Einführung und Originaltexte

JEAN KUNTZMANN

Unendliche Reihen

Mit 94 Übungen und 29 Aufgaben

JEAN KUNTZMANN

Systeme von Differentialgleichungen

Mit 88 Übungen und 40 Aufgaben

JEAN KUNTZMANN

Komplexe Veränderliche

Mit 90 Übungen und 37 Aufgaben

J. A. ROSANOW

Wahrscheinlichkeitstheorie

FERDINAND CAP

Einführung in die Plasmaphysik

I. Theoretische Grundlagen

— insgesamt 3 Bände —

Vorschau auf die nächsten Bände:

STEPHEN G. BRUSH

Kinetische Theorie, Teil I und II

Einführung und Originaltexte

WTB

BAND 68

J. A. Rosanow

Wahrscheinlichkeitstheorie

Mit 13 Abbildungen

AKADEMIE-VERLAG · BERLIN

PERGAMON PRESS · OXFORD

VIEWEG + SOHN · BRAUNSCHWEIG

Reihe **MATHEMATIK UND PHYSIK**

Verantwortlicher Herausgeber dieses Bandes
Prof. Dr. K. Schröder

Übersetzung aus dem Russischen:
Dipl.-Math. I. Küchler

Bearbeitung der deutschen Ausgabe:
Dipl.-Math. U. Küchler

Titel der Originalausgabe:
Ю. А. Розанов, Лекции по теории вероятностей
Verlag Nauka, Moskau

1970

Lizenznummer: 202 · 100/415/70
Satz und Druck: VEB Druckhaus „Maxim Gorki", 74 Altenburg
Bestellnummer: Akademie-Verlag 7068 · ES 19 B 5
Pergamon Press 08 017 551 1
Vieweg + Sohn 6068
Printed in German Democratic Republic

Inhaltsverzeichnis

Vorwort

Dieses Buch ist aus Vorlesungen entstanden, die der Autor am Moskauer physikalisch-technischen Institut gehalten hat. Es richtet sich vorwiegend an Leser, die über mathematische Kenntnisse etwa im Umfang einer Kursvorlesung, wie sie an Universitäten und Hochschulen gehalten wird, verfügen.

Ein großer Teil des behandelten Stoffes wird in Form konkreter Beispiele dargestellt. Sie treten hier stärker in den Vordergrund, als es allgemein üblich ist.

J. A. Rosanow

1. Versuche mit gleichwahrscheinlichen Ausgängen, Wahrscheinlichkeit und relative Häufigkeit, einige kombinatorische Formeln, die Stirlingsche Formel

1.1. Wirft man eine Münze und beobachtet, welche Seite nach dem Wurf oben liegt, so gibt es zwei verschiedene mögliche Ergebnisse, die einander ausschließen, d. h., die nicht beide gleichzeitig auftreten können: Zahl und Wappen. Die Vielzahl der Faktoren, die das tatsächlich eintretende Versuchsergebnis bestimmen, kann man weder erfassen noch berücksichtigen; man sagt, das Resultat des Münzenwurfes sei zufällig. Auf die Frage, mit welcher Wahrscheinlichkeit die Zahl (bzw. das Wappen) erscheint, wird man zweifellos antworten, daß sie gleich $\frac{1}{2}$ ist. Diese Annahme beruht gefühlsmäßig darauf, daß die oben betrachteten Versuchsausgänge bezüglich der Bedingungen, unter denen der Versuch abläuft, gleichberechtigt sind. Man sagt dafür auch, sie sind gleichwahrscheinlich. Was versteht man nun unter Wahrscheinlichkeit, welcher Sinn verbirgt sich hinter diesem Begriff?

Wir betrachten irgendeinen Versuch mit einer endlichen Anzahl möglicher, einander ausschließender Ergebnisse. Diese seien bezüglich der Bedingungen, unter denen der Versuch durchgeführt wird, gleichberechtigt, d. h. gleichwahrscheinlich. Der Buchstabe A bezeichne ein gewisses, mit dem Versuch zusammenhängendes Ereignis. Als *Wahrscheinlichkeit* $\mathsf{P}(A)$ des Ereignisses A bezeichnet man den Anteil der Versuchsausgänge, bei denen A eintritt, also den Wert

$$\mathsf{P}(A) = \frac{N(A)}{N}. \tag{1.0}$$

Dabei bedeuten N die Gesamtzahl der möglichen Versuchsergebnisse und $N(A)$ die Anzahl derjenigen von ihnen, die zum Eintreten von A führen.

Zum Beispiel gibt es beim Werfen einer Münze zwei einander ausschließende, gleichwahrscheinliche Ausgänge (Zahl und Wappen). Ist A das Ereignis „Zuoberst erscheint die Zahl (das Wappen)“, so ergibt sich wegen $N(A) = 1$ für die Wahrscheinlichkeit $\mathsf{P}(A)$ der Wert $\frac{1}{2}$.

Beim Werfen eines Spielwürfels (unter einem solchen Würfel wollen wir einen völlig regelmäßigen Kubus mit numerierten Flächen verstehen) sind sechs einander ausschließende, gleichwahrscheinliche Ergebnisse möglich, die Augenzahlen von eins bis sechs. Die Wahrscheinlichkeit des Ereignisses A, „Es fällt eine gerade Augenzahl“, ist gleich $\frac{1}{2}$, weil hier $N(A) = 3$ und $N = 6$ gilt.

Wirft man zwei Spielwürfel gleichzeitig, so gibt es $N = 36$ mögliche, einander ausschließende, gleichwahrscheinliche Ergebnisse, nämlich die Zahlenpaare (a, b), bei denen a die Augenzahl des ersten und b die Augenzahl des zweiten Würfels angibt. Wir wollen die Wahrscheinlichkeit $\mathsf{P}(A)$ des Ereignisses A, „Auf beiden Würfeln erscheint die gleiche Augenzahl“, berechnen. Dieses Ereignis tritt genau dann ein, wenn das Würfeln zu einem der sechs Ergebnisse, bei denen $a = b$ gilt, führt. Daraus folgt $N(A) = 6$ und $\mathsf{P}(A) = \frac{N(A)}{N} = \frac{1}{6}$.

In der Praxis gewonnene Erfahrungen zeigen, daß lange Beobachtungsreihen eine bemerkenswerte Gesetzmäßigkeit besitzen. Diese weist sowohl in den oben betrachteten Versuchen mit gleichwahrscheinlichen Ausgängen als auch in allgemeineren Fällen auf die große Bedeutung des Wahrscheinlichkeitsbegriffes hin. Um das näher zu erklären, setzen wir voraus, daß der betrachtete Versuch (die Erscheinung usw.) unter den gleichen Bedingungen viele Male wiederholt werden kann, so daß prinzipiell eine ganze Reihe gleichartiger und voneinander unabhängiger Versuche vorliegt. Dabei hänge es in jedem Versuch vom Zufall ab, ob das uns interessierende Ereignis A eintritt oder nicht. Wir nehmen weiterhin an, die Reihe bestehe aus n Versuchen, und in $n(A)$ dieser Versuche trete das Ereignis A ein. Der Quotient $\frac{n(A)}{n}$ heißt die *relative Häufigkeit von A* in dieser Versuchsreihe. Untersucht man mehrere gleichartige Versuchsserien, so stellt sich heraus, daß die entsprechenden relativen Häufigkeiten $\frac{n(A)}{n}$ für große n praktisch übereinstimmen; sie liegen in der Umgebung einer gewissen Zahl $\mathsf{P}(A)$, die als Wahrscheinlichkeit des Ereignisses A bezeichnet wird. Wir schreiben dafür

$$\mathsf{P}(A) \sim \frac{n(A)}{n}. \tag{1.1}$$

Diese formale Beziehung soll folgendes ausdrücken:

$$\mathsf{P}(A) = \lim_{n\to\infty} \frac{n(A)}{n}.$$

Entsprechend dieser experimentell gewonnenen Gesetzmäßigkeit ist die Wahrscheinlichkeit $\mathsf{P}(A)$ etwa gleich dem Anteil derjenigen Versuche innerhalb einer langen Serie, bei denen A eintritt.

Tabelle 1 enthält die Ergebnisse von 100 Versuchsreihen[1]). In jeder Reihe wurde eine Münze 100mal geworfen. Es sind die Anzahlen $n(A)$ der Versuche aus den einzelnen Reihen angegeben, bei denen das Ereignis A, „Die Zahl liegt oben“, eingetreten ist. Man sieht, daß sich die relativen Häufigkeiten $\frac{n(A)}{n}$ in jeder Serie von $n = 100$ Versuchen bemerkenswert wenig von der nach

---

[1]) Vgl. W. Feller, An introduction to probability theory and its applications, Vol. 1, 2nd edition, New York/London 1957.

Tab. 1

Absolute Häufigkeiten von „Zahl" bei jeweils 100 Versuchen										Absolute Häufigkeiten von „Zahl" bei jeweils 1000 Versuchen
54	46	53	55	46	54	41	48	51	53	501
48	46	40	53	49	49	48	54	53	45	485
43	52	58	51	51	50	52	50	53	49	509
58	60	54	55	50	48	47	57	52	55	536
48	51	51	49	44	52	50	46	53	41	485
49	50	45	52	52	48	47	47	47	51	488
45	47	41	51	49	59	60	55	53	50	500
53	52	46	52	44	51	48	51	46	54	497
45	47	46	52	47	48	59	57	45	48	494
47	41	51	59	51	52	55	39	41	48	484

Formel (1.0) berechneten Wahrscheinlichkeit $\mathsf{P}(A) = \frac{1}{2}$ unterscheiden.

Kehren wir noch einmal zu Formel (1.0) zurück. Sie besitzt zwar eine einfache Gestalt, ihre Anwendung ist jedoch mit einer gewissen Schwierigkeit verbunden. Man muß nämlich zu dem vorgegebenen Ereignis A, dessen Wahrscheinlichkeit zu bestimmen ist, geeignete gleichwahrscheinliche Ereignisse auffinden, die mit A zusammenhängen. Zur Erläuterung betrachten wir das folgende Beispiel.

Beispiel (Das Paradoxon von de Méré[1]): Der Franzose de Méré schaute oft beim Würfelspiel zu und beobachtete, daß beim gleichzeitigen Werfen dreier Spielwürfel als Augensumme die Zahl 11 häufiger als die Zahl 12 auftrat, obwohl beide Ergebnisse von seinem Standpunkt aus gleichwahrscheinlich zu sein schienen. De Méré stellte nämlich folgende Überlegung an. Es gibt sechs verschiedene Möglichkeiten, elf Augen

[1]) Vgl. E. Borel, Probabilité et certitude, Paris 1950.

zu erzielen, und zwar das Würfeln der Kombinationen 6-4-1, 6-3-2, 5-5-1, 5-4-2, 5-3-3 und 4-4-3. Ebensooft erhält man aber auch zwölf Augen. Es handelt sich um die Kombinationen 6-5-1, 6-4-2, 6-3-3, 5-5-2, 5-4-3 und 4-4-4. Die Ereignisse A_1, „Die Augensumme ist elf", und A_2, „Die Augensumme ist zwölf", werden also in gleich viel Fällen verwirklicht; demnach müßten ihre Wahrscheinlichkeiten $\mathsf{P}(A_1)$ und $\mathsf{P}(A_2)$ ebenfalls gleich sein.

Der Trugschluß in DE MÉRÉs Überlegungen wurde von PASCAL aufgedeckt. Er besteht darin, daß die betrachteten Wurfergebnisse nicht gleichwahrscheinlich sind. Man darf bei einem Wurf nicht nur die Gesamtaugenzahl berücksichtigen, sondern muß außerdem die Verteilung der gefallenen Augen auf die einzelnen Würfel in Betracht ziehen. Numeriert man z. B. die drei Würfel und schreibt die gewürfelten Augen in der entsprechenden Reihenfolge, so ist es klar, daß die Kombination 6-4-1 durch jedes der Wurfergebnisse (6, 4, 1), (6, 1, 4), (4, 6, 1), (4, 1, 6), (1, 6, 4), (1, 4, 6) realisiert wird. Dagegen erhält man die Kombination 4-4-4 nur in einem einzigen Fall, nämlich beim Werfen von (4, 4, 4). Gleichwahrscheinlich sind in diesem Würfelexperiment die Ergebnisse, die durch die Zahlentripel (a, b, c) beschrieben werden, wobei a die Augenzahl des ersten Würfels, b die des zweiten und c die des dritten angibt. Man errechnet leicht die Gesamtzahl solcher gleichwahrscheinlichen Ausgänge; es sind $N = 6^3 = 216$. Unter ihnen gibt es $N(A_1) = 27$, bei denen das Ereignis A_1 eintritt, während man für das Ereignis A_2 nur $N(A_2) = 25$ erhält. Dadurch wird auch DE MÉRÉs Beobachtung verständlich, daß beim Werfen dreier Würfel als Augensumme häufiger eine Elf als eine Zwölf erscheint.

1.2. Bei der Berechnung von Wahrscheinlichkeiten sind oft kombinatorische Formeln sehr nützlich. Wir wollen deshalb die wichtigsten von ihnen angeben.

Kombinationen von Elementen aus mehreren Mengen

Es seien r beliebige Mengen gegeben. Die erste Menge enthalte n_1 Elemente $a_1, a_2, \ldots, a_{n_1}$, die zweite n_2 Elemente $b_1, b_2, \ldots, b_{n_2}$ usw. Die r-te Menge bestehe aus n_r Elementen $c_1, c_2, \ldots, c_{n_r}$. Wie viele verschiedene Kombinationen $(a, b, \ldots, c)$ zu je r Elementen kann man bilden, wenn in jeder Kombination aus jeder Menge genau ein Element enthalten sein soll? Zwei Kombinationen $(a, b, \ldots, c)$ und $(\bar{a}, \bar{b}, \ldots, \bar{c})$ werden als verschieden angesehen, wenn mindestens eins der Paare a und $\bar{a}$, b und $\bar{b}$, $\ldots$, c und $\bar{c}$ aus unterschiedlichen Elementen besteht.

Es gibt insgesamt

$$N = n_1 n_2 \cdots n_r \tag{1.2}$$

verschiedene solcher Kombinationen.

Beweis: Für $r = 1$ ist die Gültigkeit der Gleichung offensichtlich. Im Fall $r = 2$ beweist man Formel (1.2), indem man den Elementen der einen Menge verschiedene Punkte der x-Achse und den Elementen der anderen Menge verschiedene Punkte der y-Achse zuordnet. Alle möglichen Paare (a, b) werden dann durch Punkte (x, y) eines rechteckigen ebenen Gitters dargestellt. Man erkennt, daß es insgesamt $N = n_1 n_2$ solcher Punkte gibt (vgl. Abbildung 1). Zum Beweis von (1.2) für beliebige natürliche Zahlen r benutzen wir die Methode der vollständigen Induktion. Wir setzen voraus, die Formel (1.2) sei in allen Fällen richtig, bei denen die Anzahl der betrachteten Mengen kleiner oder gleich $r - 1$ ist, und beweisen, daß sie dann auch für r Mengen gilt.

Es seien r Mengen gegeben. Alle möglichen Kombinationen von Elementen der letzten $r - 1$ Mengen fassen wir zu einer neuen Menge zusammen. Die Elemente dieser Menge sind also Kombinationen der Form $(b, \ldots, c)$. Nach Voraussetzung ist Formel (1.2) für $r - 1$ Mengen richtig; folglich enthält die neue Menge $n_2 n_3 \cdots n_r$ Elemente. Statt r Mengen brauchen wir jetzt nur noch zwei zu betrachten, die erste der r Mengen und die neugebildete. Dem Paar $(a, (b, \ldots, c))$ entspricht hierbei die Kombination $(a, b, \ldots, c)$ der ursprünglichen Elemente. Für zwei Mengen wurde Formel (1.2) bereits bewiesen. Deshalb ist die Anzahl verschiedener Kombinationen der Form $(a, b, \ldots, c)$ gleich dem Produkt $n_1 (n_2 \cdots n_r)$, was zu beweisen war.

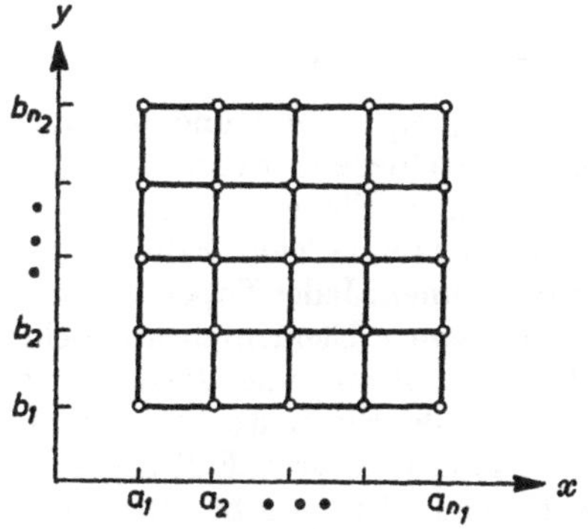

Abb. 1

Beispiel: Wie groß ist die Wahrscheinlichkeit, beim gleichzeitigen Werfen dreier Spielwürfel die maximal mögliche Augensumme zu erhalten?

Es seien a, b bzw. c die Augenzahlen, die auf dem ersten, zweiten bzw. dritten Würfel erscheinen. Das Wurfergebnis wird durch das Zahlentripel (a, b, c) beschrieben. Jede der drei Zahlen stammt aus der Menge, die von den möglichen Augenzahlen $1, 2, \ldots, 6$ des entsprechenden Würfels gebildet wird. In jeder dieser Mengen sind sechs Elemente enthalten, deshalb gibt es insgesamt $N = 6^3 = 216$ mögliche Wurfergebnisse (a, b, c). Sie sind alle gleichwahrscheinlich, und die maximale Augensumme $a + b + c = 18$ erscheint nur in einem Fall, nämlich bei $a = b = c = 6$. Deshalb ist die gesuchte Wahrscheinlichkeit gleich $\frac{1}{216}$.

Die Auswahl von Elementen mit Zurücklegen

Aus einer Menge von n verschiedenen Elementen $a_1, a_2, \ldots, a_n$ werden nacheinander r Elemente auf folgende Weise herausgegriffen. Jedes entnommene Element wird aufgeschrieben und wieder zurückgelegt. Als Ergebnis einer solchen Auswahl erhält man eine Kombination der Form

$$(a_{i_1}, a_{i_2}, \ldots, a_{i_r}).$$

Zwei Kombinationen $(a_{i_1}, a_{i_2}, \ldots, a_{i_r})$ und $(a_{j_1}, a_{j_2}, \ldots, a_{j_r})$ heißen voneinander verschieden, wenn in irgendeinem Schritt nicht die gleichen Elemente gezogen wurden, d. h., wenn für mindestens eine Zahl k die Elemente a_{i_k} und a_{j_k} nicht übereinstimmen. Jedes Tupel $(a_{i_1}, a_{i_2}, \ldots, a_{i_r})$ kann als Kombination von r Elementen angesehen werden, wobei das k-te Element aus einer Menge A_k stammt ($k = 1, 2, \ldots, r$). (Weil alle Elemente aus der Menge A entnommen wurden, gilt in diesem Fall sogar $A_1 = A_2 = A_r = A$.) Aus Formel (1.2) ergibt sich die Anzahl aller möglichen Kombinationen der angegebenen Form zu

$$N = n^r. \tag{1.3}$$

Die Anzahl der möglichen Aufteilungen von r Elementen auf n Fächer, die Auswahl von Elementen ohne Zurücklegen

Es seien r Elemente gegeben, die auf n ($n \geqq r$) Fächer aufzuteilen sind, wobei auf jedes Fach höchstens ein Element entfallen soll. Numeriert man sowohl die Elemente als auch die Fächer, so kann man jede Aufteilung durch eine Kombination der Form $(i_1, i_2, \ldots, i_r)$ beschreiben. Dabei ist i_k die Nummer des Faches, in dem das k-te Element liegt ($k = 1, 2, \ldots, r$). Man kann annehmen, daß die r Elemente nacheinander auf die n Fächer aufgeteilt werden. Für das erste Element gibt es n Möglichkeiten, i_1 kann also n verschiedene Werte annehmen. Weil auf jedes Fach höchstens ein Element entfällt, ist i_2 die Nummer von einem der $n-1$ restlichen Fächer usw. Für die Zahl i_r bleiben $n-r+1$ Möglichkeiten. Entsprechend der allgemeinen Formel (1.2) existieren

$$N = n(n-1)\cdots(n-r+1) \tag{1.4}$$

verschiedene Aufteilungen von r Elementen auf n Fächer.

Wir beschäftigen uns nun mit folgendem Problem. Wie viele Möglichkeiten gibt es, aus einer Menge $\{a_1, a_2, \ldots, a_n\}$ von n Elementen r ($r \leqq n$) verschiedene herauszugreifen? Man erhält r unterschiedliche Elemente, indem man sie nacheinander aus der Menge entnimmt, ohne ein einmal gewähltes wieder zurückzulegen. Als Ergebnis dieser Auswahl bekommt man eine Kombination $(a_{i_1}, a_{i_2}, \ldots, a_{i_r})$, wobei a_{i_1} das erste, a_{i_2} das zweite, ... und a_{i_r} das letzte herausgegriffene Element ist. Bei der Wahl von a_{i_1} stehen n Elemente zur Verfügung, während a_{i_2} aus den restlichen $n-1$ Elementen gewählt werden muß usw. Für a_{i_r} gibt es noch $n-r+1$ Möglichkeiten. Insgesamt existieren

$$N = n(n-1)\cdots(n-r+1)$$

verschiedene Möglichkeiten, r Elemente aus einer Menge vom Umfang n ohne Zurücklegen auszuwählen.

Für $r = n$ erhält man gerade die Anzahl der Permutationen von n Elementen:

$$N = n(n-1)\cdots 1 = n!. \tag{1.5}$$

B e i s p i e l: Eine Gruppe von r Studenten sitzt in einem Zug mit n Wagen ($n \geqq r$). Jeder einzelne Student habe den Wagen, in dem er sich befindet, auf gut Glück gewählt, und zwar, ohne einen zu bevorzugen. Alle Wagen hatten also bei seiner Entscheidung die gleiche Wahrscheinlichkeit, ausgewählt zu werden. Gesucht ist die Wahrscheinlichkeit dafür, daß die Studenten alle in verschiedenen Wagen Platz genommen haben.

Jeder Beteiligte kann einen von n Wagen auswählen; es gibt also $N = n^r$ Möglichkeiten, wie sich r Studenten auf n Wagen verteilen können. Es sei i_k die Nummer des vom k-ten Studenten gewählten Wagens. Das Ereignis A, „In keinem Wagen sitzt mehr als ein Student", tritt genau dann ein, wenn alle Zahlen $i_1, i_2, \ldots, i_r$ voneinander verschieden sind. Die Anzahl solcher Kombinationen $(i_1, i_2, \ldots, i_r)$ ist gleich der Zahl der Möglichkeiten, r Elemente aus einer Menge vom Umfang n ohne Zurücklegen auszuwählen: Der erste Student wählt irgendeinen der n Wagen, der zweite einen beliebigen der $n - 1$ restlichen Wagen usw. Folglich gibt es $N(A) = n(n-1) \cdots (n-r+1)$ Kombinationen $(i_1, i_2, \ldots, i_r)$, bei denen das Ereignis A eintritt. Für die Wahrscheinlichkeit $\mathsf{P}(A)$ des Ereignisses A erhält man [vgl. (1.0)]

$$\mathsf{P}(A) = \frac{n(n-1) \cdots (n-r+1)}{n^r}.$$

Die Anzahl der möglichen Aufteilungen von r ununterscheidbaren Elementen auf n Fächer

Es seien r nicht zu unterscheidende Elemente gegeben, die auf n $(n \geqq r)$ Fächer aufzuteilen sind. Dabei soll jedes Fach höchstens mit einem Element besetzt werden. Weil die Elemente ununterscheidbar sind, ist jede Aufteilungsmöglichkeit durch die Angabe derjenigen Fächer charakterisiert, in die ein Element plaziert wird, und entspricht deshalb einer r-elementigen Teilmenge von Fächern. Somit gilt für die Zahl N der möglichen Aufteilungen

$$N = C_n^r = \frac{n!}{r!(n-r)!}. \tag{1.6}$$

Dabei ist C_n^r die Anzahl der r-elementigen Teilmengen einer Menge vom Umfang n.

Einen allgemeineren Fall erhält man, wenn die Forderung, daß sich in jedem Fach höchstens ein Element befinden darf, fallengelassen wird. Wir wollen dieses

Problem genauer formulieren. Es seien $n, k, n_1, n_2, \ldots, n_k$ natürliche Zahlen mit $n_1 + n_2 + \cdots + n_k = n$. Wie viele Möglichkeiten gibt es, n Elemente auf k Fächer so aufzuteilen, daß im i-ten Fach n_i Elemente enthalten sind? Weil die Elemente ununterscheidbar sind, spielt die Anordnung innerhalb eines Faches keine Rolle. Wir werden zeigen, daß

$$N = \frac{n!}{n_1!\, n_2! \cdots n_k!} \tag{1.7}$$

Möglichkeiten existieren.

Der Beweis verläuft folgendermaßen. Für das erste Fach wählen wir eine Teilmenge vom Umfang n_1 aus. Das kann auf $N_1 = C_n^{n_1}$ verschiedene Arten geschehen. Danach greifen wir aus den restlichen $n - n_1$ Elementen eine Teilmenge vom Umfang n_2 heraus, die dem zweiten Fach zugeordnet wird (dafür gibt es $N_2 = C_{n-n_1}^{n_2}$ unterschiedliche Möglichkeiten), usw. Die zuletzt übrigbleibenden $n - n_1 - \cdots - n_{k-2} = n_{k-1} + n_k$ Elemente kann man auf $N_{k-1} = C_{n-n_1-\cdots-n_{k-2}}^{n_{k-1}}$ verschiedene Weisen in zwei Mengen mit n_{k-1} bzw. n_k Elementen einteilen. Als Anzahl der möglichen Aufteilungen von n Elementen auf k Fächer unter der Bedingung, daß in das i-te Fach n_i Elemente kommen, erhält man mittels der allgemeinen Formel (1.2) den Wert $N = N_1 N_2 \cdots N_{k-1}$. Schreibt man dieses Produkt aus, so ergibt sich

$$N = C_n^{n_1} C_{n-n_1}^{n_2} \cdots C_{n-n_1-\cdots-n_{k-2}}^{n_{k-1}} = \frac{n!}{n_1!\, n_2! \cdots n_k!}.$$

Beispiel: Ein Los von 100 Teilen wird von einem Kontrolleur geprüft. Er wählt aufs Geratewohl zehn Teile aus und bestimmt ihre Qualität. Wenn von den kontrollierten Teilen keiner Ausschuß ist, so wird das Los angenommen, andernfalls erfolgt eine zusätzliche Prüfung. Wie groß ist die Wahrscheinlichkeit dafür, daß ein Los mit zehn Ausschußteilen vom Kontrolleur nicht beanstandet wird?

Die Anzahl der Möglichkeiten, zehn Teile aus einem Los vom Umfang 100 auszuwählen, ist gleich der Zahl der zehnelementigen Teilmengen einer Menge von 100 Elementen und beträgt $N = \frac{100!}{10!\,90!}$. Da der Kontrolleur die Teile auf gut Glück herausgreift, wird keines bevorzugt; alle möglichen Mengen von zehn Teilen werden deshalb mit gleicher Wahrscheinlichkeit ausgewählt. Das Ereignis A, „Das Los wird vom Kontrolleur nicht beanstandet“, tritt genau dann ein, wenn alle zehn geprüften Teile gut sind. Im Los sind 90 gute Teile enthalten. Folglich ist die Zahl $N(A)$ der Auswahlmöglichkeiten, die zum Eintreten von A führen, gleich der Zahl der Möglichkeiten, aus 90 Elementen 10 herauszugreifen: $N(A) = \frac{90!}{10!\,80!}$. Das Los wird nicht beanstandet, wenn eines der $N(A) = C_{90}^{10}$ gleichwahrscheinlichen Ereignisse eintritt. (Insgesamt gibt es $N = C_{100}^{10}$ mögliche, gleichwahrscheinliche Ereignisse.) Die gesuchte Wahrscheinlichkeit $\mathsf{P}(A)$ ergibt sich zu

$$\mathsf{P}(A) = \frac{N(A)}{N} = \frac{81 \cdot 82 \cdots 90}{91 \cdot 92 \cdots 100} \approx \left(1 - \frac{1}{10}\right)^{10} \approx \frac{1}{e}$$

$$(e = 2{,}78\ldots).$$

B e i s p i e l: Beim Skatspiel werden 32 Karten auf zufällige Weise an drei Spieler verteilt, und zwar so, daß jeder 10 Karten erhält, und zwei Karten (man bezeichnet sie als Skat) beiseite gelegt werden. Gesucht ist die Wahrscheinlichkeit dafür, daß zwei Asse in den Skat kommen.

Die Zahl der Möglichkeiten, zwei Karten aus 32 auszuwählen, stimmt mit der Zahl der Möglichkeiten überein, aus einer Menge vom Umfang 32 zwei Elemente abzuteilen, und ist demnach gleich $C_{32}^{2} = \frac{32!}{2!\,30!} = 496$. Unter den 32 Karten befinden sich vier Asse. Es gibt deshalb $C_4^2 = \frac{4!}{2!\,2!} = 6$ verschiedene Möglichkeiten, zwei Asse in den Skat zu legen. Für die gesuchte Wahrscheinlichkeit ergibt sich der Wert

$$\frac{C_4^2}{C_{32}^2} = \frac{6}{496} \approx 0{,}012.$$

Angenommen, der Alleinspieler hat die fünf höchsten Karten einer Farbe, beispielsweise von Herz, außer dem König. Beim Ansagen seiner Trumpfkarten muß er in Betracht ziehen, daß einer seiner Gegenspieler die drei restlichen Herzkarten (man sagt: den König zu dritt) in der Hand haben kann. Gesucht ist die Wahrscheinlichkeit dieses Ereignisses.

Es gibt $C_{20}^{10} = \frac{20!}{10!\,10!}$ gleichwahrscheinliche Möglichkeiten, 20 Karten in zwei Mengen zu je 10 Karten einzuteilen. So viele Möglichkeiten gibt es also für die Verteilung von 20 Karten an die beiden Gegenspieler. Die Zahl der Kartenverteilungen, bei denen ein bestimmter der beiden Spieler den König zu dritt erhält, stimmt mit der Zahl der Möglichkeiten überein, sieben Karten, die dieser Spieler außer den Herzkarten noch bekommt, aus den übrigen 17 auszuwählen. Sie ist also identisch mit der Anzahl der Möglichkeiten, aus 17 Elementen sieben herauszugreifen, und deshalb gleich $C_{17}^7 = \frac{17!}{7!\,10!}$. Daraus folgt, daß der König zu dritt bei einem bestimmten Gegenspieler mit der Wahrscheinlichkeit

$$\frac{C_{17}^7}{C_{20}^{10}} = \frac{8 \cdot 9 \cdot 10}{18 \cdot 19 \cdot 20} \approx 0{,}12$$

vorhanden ist.

1.3. In allen Formeln des vorangegangenen Abschnitts taucht der Ausdruck $n! = 1 \cdot 2 \cdots (n-1)\,n$ auf. Für seine Berechnung verwendet man vorteilhaft eine asymptotische Beziehung, die den Inhalt der sogenannten STIRLING*schen Formel*[1]) bildet. Sie lautet

$$n! \sim \sqrt{2\pi n}\, n^n e^{-n}. \tag{1.8}$$

(Der Ausdruck $\alpha_n \sim \beta_n$ für Zahlenfolgen (α_n) und (β_n) bedeutet hier sowie an weiter unten folgenden Stellen, daß $\frac{\alpha_n}{\beta_n}$ bei unbegrenzt wachsendem n gegen 1 konvergiert.)

2. Verknüpfungen von Ereignissen, der Raum der Elementarereignisse, das Additionstheorem für Wahrscheinlichkeiten

2.1. Bei einem Versuch oder einer Erscheinung seien verschiedene, einander ausschließende Ergebnisse möglich. Man nennt jedes dieser Ergebnisse einen *Elementarausgang* oder ein *Elementarereignis* und bezeichnet es mit einem kleinen griechischen Buchstaben, z. B. mit ω. Die Menge dieser Elementarereignisse heißt *Raum der Elementarereignisse* und wird mit Ω bezeichnet.

Man sagt, ein Ereignis A hänge mit dem betrachteten Versuch (oder mit den entsprechenden Elementarereignissen) zusammen, wenn man bei jedem Elementarereignis ω eindeutig unterscheiden kann, ob es das Eintreten von A nach sich zieht oder nicht. Die Menge aller ω, die zum Eintreten von A führen, bezeichnen wir mit dem gleichen Symbol A. Das Ereignis A wird genau dann verwirklicht, wenn eines der Elementarereignisse ω aus der Menge A eintritt. Demnach ist es gleich, ob man sich mit dem ursprünglichen Ereignis A oder mit dem

---

[1]) Vgl. W. FELLER, An introduction to probability theory and its applications, Vol. 1, 2nd edition, New York/London 1957.

Ereignis „Es tritt ein Elementarausgang ω ein, der zur Menge A gehört“ beschäftigt. Im weiteren werden wir zwischen einem mit dem betrachteten Versuch zusammenhängenden Ereignis und der entsprechenden Menge von Elementarereignissen nicht unterscheiden, und zwar in dem Sinne, daß wir uns auf die Betrachtung von Ereignissen der Form „Es tritt ein Elementarausgang aus der Menge A ein“ beschränken. Bei dieser Auffassung ist jedes Ereignis eine bestimmte Teilmenge von Elementarereignissen des entsprechenden Raumes Ω.

Ein Ereignis A heißt *sicher*, wenn es bei jedem Elementarausgang eintritt. Als Menge aufgefaßt ist das sichere Ereignis A mit dem ganzen Raum Ω identisch. Man nennt ein Ereignis *unmöglich* (symbolisch schreibt man dafür $\emptyset$), wenn es bei keinem Elementarausgang eintritt. Ihm entspricht die leere Menge, die keines der ω enthält.

Zwei Ereignisse A_1 und A_2 heißen *gleich* ($A_1 = A_2$), wenn aus dem Eintreten eines der beiden Ereignisse stets das Eintreten des anderen folgt.

Beispiel: Beim gleichzeitigen Werfen zweier Spielwürfel sind die beiden folgenden Ereignisse gleich: A_1, „Es fällt eine gerade Augensumme“, und A_2, „Es erscheinen entweder nur gerade oder nur ungerade Augenzahlen“. Die analogen Ereignisse beim gleichzeitigen Werfen von drei Spielwürfeln sind nicht mehr gleich.

Zwei Ereignisse A_1 und A_2 nennt man *unvereinbar* oder *disjunkt*, wenn beide einander ausschließen, d. h., wenn beide nicht gleichzeitig eintreten können.

Als *Vereinigung* oder *Summe* zweier Ereignisse A_1 und A_2 definiert man das Ereignis A, das genau dann eintritt, wenn mindestens eines der beiden Ereignisse A_1 oder A_2 stattfindet. Symbolisch schreibt man $A_1 \cup A_2 = A$, wobei $\cup$ das in der Mengenlehre gebräuchliche Vereinigungszeichen ist. Analog wird die Vereinigung mehrerer Ereignisse $A_1, A_2, \ldots$ erklärt und mit $A = \bigcup_k A_k$ bezeichnet.

Der *Durchschnitt* oder das *Produkt* A zweier Ereignisse A_1 und A_2 ist als das Ereignis definiert, das genau dann eintritt, wenn sowohl A_1 als auch A_2 stattfinden. Man schreibt $A = A_1 \cap A_2$ oder kurz $A = A_1 A_2$. Auf ähnliche Weise führt man das Produkt (den Durchschnitt) A mehrerer Ereignisse $A_1, A_2, \ldots$ ein und schreibt $A = \bigcap_k A_k$.

Bedeutet ein Ereignis A, daß A_1 eintritt, A_2 dagegen nicht, so nennt man es die *Differenz* der Ereignisse A_1 und A_2 und bezeichnet es mit $A_1 \setminus A_2$.

Das zu einem Ereignis A *komplementäre* Ereignis $\bar{A}$ wird genau dann verwirklicht, wenn A nicht eintritt: $\bar{A} = \Omega \setminus A$.

Beispiel: Wir werfen gleichzeitig zwei Spielwürfel. Das Ereignis A, „Es fällt eine gerade Augensumme", ist die Vereinigung der beiden einander ausschließenden Ereignisse A_1, „Auf beiden Würfeln erscheint eine gerade Augenzahl", und A_2, „Auf beiden Würfeln erscheint eine ungerade Augenzahl". Es gilt $A_1 = A \setminus A_2$ und $A_2 = A \setminus A_1$. Das zu A komplementäre Ereignis $\bar{A}$ ist „Es fällt eine ungerade Augensumme". Weiterhin erhalten wir $\bar{A}_1$, „Auf mindestens einem der beiden Würfel erscheint eine ungerade Augenzahl", und $\bar{A}_2$, „Mindestens einer der beiden Würfel zeigt eine gerade Augenzahl". Es gelten die Gleichungen $\bar{A}_1 \setminus \bar{A} = \bar{A}_1 A = A_2$ und $\bar{A}_2 \setminus \bar{A} = \bar{A}_2 A = A_1$.

Die Begriffe der Vereinigung, des Durchschnitts usw. sind sehr anschaulich, wenn man Ereignisse als Mengen von Elementarereignissen auffaßt, wie es am Anfang dieses Abschnitts getan wurde. Dann sind $A_1 \cup A_2$ die Vereinigung der Mengen A_1 und A_2, $A_1 \cap A_2$ der Durchschnitt (der gemeinsame Teil) dieser Mengen und $\bar{A} = \Omega \setminus A$ die Menge der Elementarereignisse aus Ω, die nicht zu A gehören.

Wenn das Eintreten des Ereignisses A_1 das von A_2 nach sich zieht (man sagt auch, das Ereignis A_1 sei im Ereignis A_2 enthalten), so ist die Menge A_1 ein Teil der Menge A_2. Man schreibt dafür $A_1 \subseteq A_2$.

Um die Beziehungen zu veranschaulichen, in denen Ereignisse zueinander stehen können, verwendet man als

Raum Ω der Elementarereignisse ein Gebiet der Ebene. Die Elementarereignisse sind dann diejenigen Punkte der Ebene, die in Ω liegen. Einem Ereignis, d. h. einer bestimmten Menge von Elementarereignissen, entspricht eine gewisse Teilfläche von Ω. Auf Abbildung 2 sind verschiedene mögliche Beziehungen zwischen Ereignissen A_1

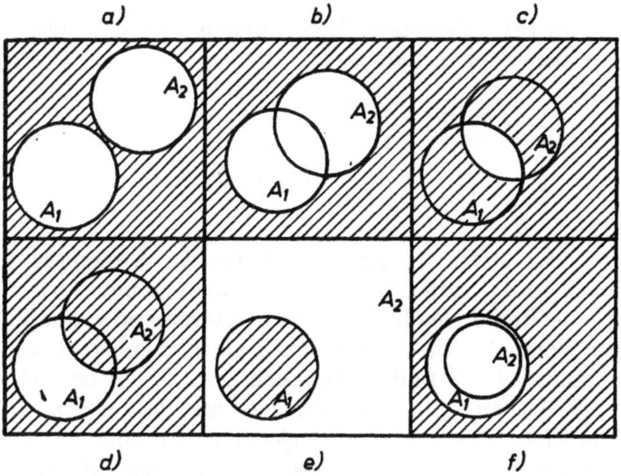

Abb. 2. a) A_1 und A_2 sind unvereinbare (disjunkte) Ereignisse; b) die nichtschraffierte Fläche ist die Vereinigung $A_1 \cup A_2$; c) die nichtschraffierte Fläche stellt den Durchschnitt $A_1 \cap A_2$ dar; d) die nichtschraffierte Fläche ist die Differenz $A_1 \setminus A_2$; e) das Ereignis A_1 ist zum Ereignis A_2 komplementär; f) das Ereignis A_2 ist in A_1 enthalten.

und A_2, die als ebene Flächen wiedergegeben sind, dargestellt. Ω ist dabei jeweils ein Quadrat vom Flächeninhalt Eins.

Nutzt man die anschaulichen Eigenschaften ebener Flächen aus, so kann man leicht zeigen, daß folgende Aussagen richtig sind: Aus $A_1 \subseteq A_2$ folgt $\bar{A}_1 \supseteq \bar{A}_2$, aus $A = A_1 \cup A_2$ ergibt sich $\bar{A} = \bar{A}_1 \cap \bar{A}_2$ und aus $A = A_1 \cap A_2$ erhält man $\bar{A} = \bar{A}_1 \cup \bar{A}_2$. Allgemeiner: Besteht zwischen irgendwelchen Ereignissen eine Relation, so gilt auch die Relation, die man aus der ursprünglichen durch Übergang zu den komplementären Ereignissen und durch Substitution des Vereinigungszeichens $\cup$, des Durchschnittszeichens $\cap$ bzw. des Inklusionszeichens $\subseteq$ durch die entsprechenden „umgekehrten" Zeichen $\cap$, $\cup$ bzw. $\supseteq$ bekommt. (Das Gleichheitszeichen bleibt unverändert.)

Beispiel: Folgende Beziehungen drücken ein und denselben Sachverhalt aus:

$$\bigcup_k A_k = B \subseteq \overline{\bigcap_k C_k}; \qquad \bigcap_k \bar{A}_k = \bar{B} \supseteq \bigcap_k C_k;$$
$$\bigcup_k A_k = B \subseteq \bigcup_k \bar{C}_k.$$

2.2. Es seien A_1 und A_2 disjunkte Ereignisse und $A = A_1 \cup A_2$ ihre Vereinigung. Angenommen, wir führen eine Reihe gleichartiger und untereinander unabhängiger Versuche durch, bei denen als Ergebnisse u. a. die Ereignisse A, A_1 und A_2 möglich sind. Mit n bezeichnen wir die Gesamtzahl der Versuche und mit $n(A)$, $n(A_1)$ sowie $n(A_2)$ die Anzahlen derjenigen, die zum Eintreten der entsprechenden Ereignisse A, A_1 bzw. A_2 führen. Wenn in einem der Versuche das Ereignis A verwirklicht wird, so ist entweder A_1 oder A_2 eingetreten (gleichzeitig können beide Ereignisse nicht stattfinden, da sie nach Voraussetzung disjunkt sind). Aus diesem Grund gilt die Gleichung

$$n(A) = n(A_1) + n(A_2).$$

Für die relativen Häufigkeiten ergibt sich

$$\frac{n(A)}{n} = \frac{n(A_1)}{n} + \frac{n(A_2)}{n}.$$

Bei großer Versuchsanzahl weichen diese relativen Häufigkeiten praktisch nicht von den Wahrscheinlichkeiten der entsprechenden Ereignisse ab (vgl. Abschnitt 1.1). Deshalb gilt

$$\mathsf{P}(A) = \mathsf{P}(A_1) + \mathsf{P}(A_2).$$

Diese Gleichung ist ein Spezialfall des sogenannten *Additionstheorems für Wahrscheinlichkeiten*, welches besagt, daß für beliebige, paarweise disjunkte Ereignisse $A_1, A_2, \ldots$ die Wahrscheinlichkeit des Ereignisses $\bigcup_k A_k$ aus der Gleichung

$$\mathsf{P}\left(\bigcup_k A_k\right) = \sum_k \mathsf{P}(A_k) \tag{2.0}$$

berechnet werden kann.

Wenn man die Beziehungen zwischen Ereignissen anschaulich durch Beziehungen zwischen ebenen Flächen (vgl. Abbildung 2) darstellt, so besitzen die Wahrscheinlichkeiten von Ereignissen ganz ähnliche Eigenschaften wie die Flächeninhalte der ihnen zugeordneten ebenen Gebiete. Einige Beispiele sollen das veranschaulichen.

Die Wahrscheinlichkeit $\mathsf{P}(A)$ eines Ereignisses A genügt den Ungleichungen

$$0 \leqq \mathsf{P}(A) \leqq 1.$$

(Dabei kommt dem unmöglichen Ereignis $A = \varnothing$ die Wahrscheinlichkeit Null und dem sicheren Ereignis $A = \Omega$ die Wahrscheinlichkeit Eins zu.) Das Additionstheorem und alle sich daraus ergebenden Folgerungen gelten sowohl für Flächeninhalte als auch für Wahrscheinlichkeiten. Insbesondere ergibt sich, wenn A_1 in A_2 enthalten ist,

$$\mathsf{P}(A_1) \leqq \mathsf{P}(A_2). \tag{2.1}$$

Für beliebige Ereignisse A_1 und A_2 gilt

$$\begin{aligned}\mathsf{P}(A_1 \setminus A_2) &= \mathsf{P}(A_1) - \mathsf{P}(A_1 \cap A_2),\\ \mathsf{P}(A_2 \setminus A_1) &= \mathsf{P}(A_2) - \mathsf{P}(A_1 \cap A_2),\\ \mathsf{P}(A_1 \cup A_2) &= \mathsf{P}(A_1) + \mathsf{P}(A_2) - \mathsf{P}(A_1 \cap A_2).\end{aligned} \tag{2.2}$$

Zum Beweis werden A_1 und A_2 in der Form

$$A_1 = (A_1 \setminus A_2) \cup (A_1 \cap A_2)$$

und

$$A_2 = (A_2 \setminus A_1) \cup (A_1 \cap A_2)$$

dargestellt. Die Ereignisse $A_1 \setminus A_2$, $A_1 \cap A_2$ und $A_2 \setminus A_1$ sind paarweise disjunkt, so daß nach Formel (2.0) die Gleichungen

$$\mathsf{P}(A_1) = \mathsf{P}(A_1 \setminus A_2) + \mathsf{P}(A_1 \cap A_2)$$

und

$$\mathsf{P}(A_2) = \mathsf{P}(A_2 \setminus A_1) + \mathsf{P}(A_1 \cap A_2)$$

gelten. Wenn $A_1 \subseteq A_2$ erfüllt ist, so besteht die Gleichung $A_1 \cap A_2 = A_1$, und damit erhält man

$$\mathsf{P}(A_1) = \mathsf{P}(A_2) - \mathsf{P}(A_2 \setminus A_1) \leqq \mathsf{P}(A_2).$$

Die ersten beiden Formeln von (2.2) folgen durch bloßes Umstellen aus den bewiesenen Gleichungen. Da die Vereinigung $A_1 \cup A_2$ der Ereignisse A_1 und A_2 als Vereinigung der disjunkten Ereignisse $A_1 \setminus A_2$, $A_2 \setminus A_1$ und $A_1 \cap A_2$ dargestellt werden kann, d. h. wegen

$$A_1 \cup A_2 = (A_1 \setminus A_2) \cup (A_2 \setminus A_1) \cup (A_1 \cap A_2)$$

ergibt sich

$$\begin{aligned} \mathsf{P}(A_1 \cup A_2) &= \mathsf{P}(A_1 \setminus A_2) + \mathsf{P}(A_2 \setminus A_1) + \mathsf{P}(A_1 \cap A_2) \\ &= \mathsf{P}(A_1) - \mathsf{P}(A_1 \cap A_2) + \mathsf{P}(A_2) - \mathsf{P}(A_1 \cap A_2) \\ &\quad + \mathsf{P}(A_1 \cap A_2) \\ &= \mathsf{P}(A_1) + \mathsf{P}(A_2) - \mathsf{P}(A_1 \cap A_2). \end{aligned}$$

Damit ist auch die letzte Formel von (2.2) bewiesen.

Es seien $A_1, A_2, \ldots, A_n$ irgendwelche Ereignisse. Gesucht ist die Wahrscheinlichkeit der Vereinigung $\bigcup_k A_k$.

Wir definieren zunächst Zahlen $P_1, P_2, \ldots, P_n$ durch

$$P_1 = \sum_i P(A_i), \qquad P_2 = \sum_{i_1, i_2} \mathsf{P}(A_{i_1} A_{i_2}),$$
$$P_3 = \sum_{i_1, i_2, i_3} \mathsf{P}(A_{i_1} A_{i_2} A_{i_3}), \ldots,$$

wobei die Summation (z. B. bei P_k) über alle ganzen Zahlen $i_1, i_2, \ldots, i_k$ erfolgen soll, für die $1 \leqq i_1 < i_2 < \cdots < i_k \leqq n$ erfüllt ist. (Dadurch wird erreicht, daß jede Menge von Indizes $\{i_1, i_2, \ldots, i_k\}$ bei der Summation höchstens einmal vorkommt.) Es gilt folgende Gleichung für die Wahrscheinlichkeit $\mathsf{P}\left(\bigcup_{k=1}^{n} A_k\right)$ der Vereinigung der Ereignisse $A_1, A_2, \ldots, A_n$:

$$\mathsf{P}\left(\bigcup_{k=1}^{n} A_k\right) = P_1 - P_2 + P_3 - \cdots + (-1)^{n+1} P_n. \quad (2.3)$$

Wir beweisen diese Formel mit der Methode der vollständigen Induktion. Für $n = 2$ reduziert sich (2.3) auf die bereits bewiesene Beziehung (2.2). Wir nehmen an, die Gleichung (2.3) ist für $n - 1$ Ereignisse richtig. Dann gilt

$$\mathsf{P}\left(\bigcup_{k=2}^{n} A_k\right) = \sum_{i=2}^{n} \mathsf{P}(A_i) - \sum_{2 \leqq i_1 < i_2} \mathsf{P}(A_{i_1} A_{i_2})$$
$$+ \sum_{2 \leqq i_1 < i_2 < i_3} \mathsf{P}(A_{i_1} A_{i_2} A_{i_3}) - \cdots$$

und

$$\mathsf{P}\left(\bigcup_{k=2}^{n} A_1 A_k\right) = \sum_{i=2}^{n} \mathsf{P}(A_1 A_i) - \sum_{2 \leqq i_1 < i_2} \mathsf{P}(A_1 A_{i_1} A_{i_2})$$
$$+ \sum_{2 \leqq i_1 < i_2 < i_3} \mathsf{P}(A_1 A_{i_1} A_{i_2} A_{i_3}) - \cdots.$$

Damit ergibt sich

$$\mathsf{P}\left(\bigcup_{k=1}^{n} A_k\right) = \mathsf{P}(A_1) + \mathsf{P}\left(\bigcup_{k=2}^{n} A_k\right) - \mathsf{P}\left(\bigcup_{k=2}^{n} A_1 A_k\right)$$

$$= \sum_{i=1}^{n} \mathsf{P}(A_i) - \sum_{1 \leq i_1 < i_2} \mathsf{P}(A_{i_1} A_{i_2}) + \sum_{1 \leq i_1 < i_2 < i_3} \mathsf{P}(A_{i_1} A_{i_2} A_{i_3}) - \cdots$$

$$= \mathsf{P}_1 - \mathsf{P}_2 + \mathsf{P}_3 - \cdots,$$

was zu beweisen war.

Beispiel: Man stelle sich vor, daß mehrere Studenten ihre Regenmäntel auf einen Garderobenständer gehängt haben, und jeder Student auf zufällige Weise irgendeinen dieser Mäntel nimmt, ohne die Möglichkeit zu besitzen, seinen eigenen zu bevorzugen. (Die Mäntel seien alle gleichartig.) Wie groß ist die Wahrscheinlichkeit dafür, daß mindestens einer der Studenten seinen eigenen Mantel erhält?

Diese Wahrscheinlichkeit hängt natürlich von der Zahl n der beteiligten Studenten ab. Zu ihrer Berechnung numerieren wir die Mäntel von 1 bis n. Mit den entsprechenden Nummern versehen wir auch die Studenten, und zwar so, daß dem k-ten Student der k-te Mantel gehört. Das Ereignis A_k bestehe darin, daß der k-te Student seinen eigenen Mantel bekommt. Dann ist das Ereignis A, „Mindestens einer der Studenten erhält seinen eigenen Mantel", die Vereinigung der Ereignisse $A_1, A_2, \ldots, A_n$, also $A = \bigcup_k A_k$. Jeden Elementarausgang der zufälligen Auswahl der Mäntel kann man durch eine Permutation der Form $(i_1, i_2, \ldots, i_n)$ darstellen, wobei i_k die Nummer des Mantels ist, den sich der k-te Student nimmt.

Wir berechnen zunächst die Wahrscheinlichkeit des Durchschnitts $A_{k_1} A_{k_2} \ldots A_{k_m}$. Dieses Ereignis tritt genau dann ein, wenn die Zahlen $i_{k_1}, i_{k_2}, \ldots, i_{k_m}$ die festen Werte $i_{k_1} = k_1$, $i_{k_2} = k_2, \ldots, i_{k_m} = k_m$ annehmen. Die restlichen Nummern können in beliebiger Reihenfolge angeordnet sein. Also gilt

$$\mathsf{P}(A_{k_1}A_{k_2}\cdots A_{k_m}) = \frac{N(A_{k_1}\cdots A_{k_m})}{N} = \frac{(n-m)!}{n!},$$

wobei $(n-m)!$ die Zahl der Permutationen von $n-m$ Elementen, $n!$ die Zahl der Permutationen von n Elementen und m die Zahl der festgehaltenen Nummern $i_{k_1} = k_1, \ldots, i_{k_m} = k_m$ sind. Es gibt

$$C_n^m = \frac{n!}{m!\,(n-m)!}$$

Ereignisse der Form $A_{k_1}A_{k_2}\cdots A_{k_m}$, so viele verschiedene Teilmengen $\{k_1, k_2, \ldots, k_m\}$ vom Umfang m kann man nämlich aus der Zahlenmenge $\{1, 2, \ldots, n\}$ auswählen. Man erhält

$$P_m = \sum_{1\leq k_1<k_2<\cdots<k_m\leq n} \mathsf{P}(A_{k_1}A_{k_2}\cdots A_{k_m}) = C_n^m \frac{(n-m)!}{n!} = \frac{1}{m!}.$$

Für die Wahrscheinlichkeit der Vereinigung von $A_1, A_2, \ldots, A_n$ folgt daraus mittels Formel (2.3)

$$\mathsf{P}\left(\bigcup_{k=1}^{n} A_k\right) = P_1 - P_2 + P_3 - \cdots + (-1)^{n+1}P_n$$

$$= 1 - \frac{1}{2!} + \frac{1}{3!} - \frac{1}{4!} + \cdots + \frac{(-1)^{n+1}}{n!}.$$

Die gesuchte Wahrscheinlichkeit $\mathsf{P}(A)$ ist also mit einer Partialsumme der Reihe identisch, die durch Entwicklung der Funktion $1 - e^x$ an der Stelle $x = -1$ entsteht:

$$1 - e^{-1} = 1 - \frac{1}{2!} + \frac{1}{3!} - \frac{1}{4!} + \cdots + \frac{(-1)^{n+1}}{n!} + \cdots.$$

Deshalb ist $\mathsf{P}(A)$ für große n annähernd gleich dem Wert $1 - e^{-1}$ $(e = 2{,}78\ldots)$.

3. Der Zusammenhang zwischen verschiedenen Ereignissen, bedingte Wahrscheinlichkeiten, unabhängige Ereignisse, der Begriff der Information

3.1. Bei der Untersuchung mancher Erscheinungen steht man vor der Frage, wie sich das Eintreten eines Ereignisses A auf die Möglichkeit auswirkt, daß ein bestimmtes Ereignis B verwirklicht wird, allgemeiner, wie gewisse Ereignisse zusammenhängen. Zum Beispiel kann das Eintreten von A das von B nach sich ziehen, oder umgekehrt, das Eintreten von A das von B ausschließen.

In der Wahrscheinlichkeitstheorie wird der Zusammenhang zwischen zwei Ereignissen A und B durch die sogenannte *bedingte Wahrscheinlichkeit* $\mathsf{P}(A \mid B)$ des Ereignisses A unter der Bedingung B charakterisiert. Diese bedingte Wahrscheinlichkeit ist unter der Voraussetzung $\mathsf{P}(B) > 0$ durch

$$\mathsf{P}(A \mid B) = \frac{\mathsf{P}(A \cap B)}{\mathsf{P}(B)} \tag{3.0}$$

definiert.

Den Wert $\mathsf{P}(A \mid B)$ kann man als Wahrscheinlichkeit des Ereignisses A unter der Bedingung, daß das Ereignis B eingetreten ist, ansehen. Wir wollen das am Beispiel eines Versuches mit endlich vielen gleichwahrscheinlichen Elementarausgängen ω erläutern. Es seien A und B zwei mit dem Versuch zusammenhängende Ereignisse, N die Anzahl aller Elementarausgänge dieses Versuches, $N(B)$ die Anzahl derjenigen von ihnen, bei denen das Ereignis B eintritt, und $N(AB)$ die Zahl der Elementarausgänge, bei denen sowohl A als auch B verwirklicht werden. Für die Wahrscheinlichkeiten der Ereignisse B und AB ergeben sich die Werte $\mathsf{P}(B) = \frac{N(B)}{N}$ und $\mathsf{P}(AB) = \frac{N(AB)}{N}$. Deshalb gilt für die bedingte Wahrscheinlichkeit $\mathsf{P}(A \mid B)$ die Gleichung

$$\mathsf{P}(A \mid B) = \frac{N(AB)}{N(B)}. \tag{3.1}$$

Wir interpretieren nun die Zahlen in Zähler und Nenner etwas anders. $N(B)$ ist die Anzahl der Elementarausgänge ω, die unter der Bedingung, daß das Ereignis B eintritt, möglich sind, und $N(AB)$ die Zahl derjenigen davon, die außerdem zum Eintreten von A führen. Entsprechend der allgemeinen Formel (1.0) ist $\mathsf{P}(A \mid B)$ auf Grund von (3.1) tatsächlich die Wahrscheinlichkeit des Ereignisses A unter der Bedingung, daß das Ereignis B eingetreten ist.

Bedingte Wahrscheinlichkeiten besitzen u. a. alle Eigenschaften, die auch gewöhnlichen Wahrscheinlichkeiten zukommen. Insbesondere gilt

$$0 \leqq \mathsf{P}(A \mid B) \leqq 1;$$

wenn das Eintreten des Ereignisses B das von A ausschließt ($AB = \varnothing$), so folgt

$$\mathsf{P}(A \mid B) = 0;$$

zieht das Ereignis B das Ereignis A nach sich ($B \subseteq A$), dann erhält man

$$\mathsf{P}(A \mid B) = 1;$$

ist A die Vereinigung paarweise disjunkter Ereignisse $A_1, A_2, \ldots$ $\left(A = \bigcup_k A_k\right)$, so ergibt sich

$$\mathsf{P}(A \mid B) = \sum_k \mathsf{P}(A_k \mid B).$$

B e w e i s: Die Beziehungen $0 \leqq \mathsf{P}(A \mid B) \leqq 1$ folgen aus der Definition (3.0) wegen der Nichtnegativität von Zähler und Nenner und der Ungleichung $\mathsf{P}(A \cap B) \leqq \mathsf{P}(B)$. Gilt die Gleichung $AB = \varnothing$, sind also A und

B disjunkt, so folgt $\mathsf{P}(AB) = 0$ und damit $\mathsf{P}(A \mid B) = 0$. Aus $B \subseteq A$ ergibt sich $AB = B$ und deshalb $\mathsf{P}(AB) = \mathsf{P}(B)$. Das führt zu $\mathsf{P}(A \mid B) = 1$. Ist das Ereignis A die Vereinigung der paarweise disjunkten Ereignisse $A_1, A_2, \ldots$, so kann man das Produkt AB als Vereinigung der ebenfalls paarweise disjunkten Ereignisse $A_1B, A_2B, \ldots$ darstellen, und man erhält wegen Formel (2.0)

$$\mathsf{P}(AB) = \sum_k \mathsf{P}(A_k B).$$

Hieraus folgt das angegebene Additionstheorem für bedingte Wahrscheinlichkeiten.

Um die Wahrscheinlichkeit eines Ereignisses A zu bestimmen, ist es mitunter zweckmäßig, folgendermaßen vorzugehen. Man setzt zunächst einmal voraus, daß ein bestimmtes, günstig gewähltes Ereignis B bereits eingetreten ist. Anschließend berechnet man die Wahrscheinlichkeit von A unter der Bedingung, daß B eingetreten ist. Gibt es ein *vollständiges System* paarweise disjunkter Ereignisse $B = B_1, B_2, \ldots$, d. h. solcher Ereignisse, von denen stets mindestens eines eintritt, so kann die Wahrscheinlichkeit $\mathsf{P}(A)$ durch die entsprechenden bedingten Wahrscheinlichkeiten $\mathsf{P}(A \mid B_k)$ folgendermaßen berechnet werden:

$$\mathsf{P}(A) = \sum_k \mathsf{P}(A \mid B_k)\, \mathsf{P}(B_k). \tag{3.2}$$

Diese Gleichung wird als *Formel für die totale Wahrscheinlichkeit* bezeichnet. Wir wollen sie mit Hilfe des Additionstheorems beweisen.

Weil die Ereignisse $B_1, B_2, \ldots$ ein vollständiges System bilden, ist die Vereinigung $\bigcup_k B_k$ gleich dem sicheren Ereignis, d. h. $\bigcup_k B_k = \Omega$. Darum gilt die Gleichung $A = A \bigcup_k B_k = \bigcup_k AB_k$. Die Ereignisse AB_k sind paarweise disjunkt, deshalb folgt

$$\mathsf{P}(A) = \sum_k \mathsf{P}(AB_k) = \sum_k \frac{\mathsf{P}(AB_k)}{\mathsf{P}(B_k)} \mathsf{P}(B_k).$$

Beispiel: Ein Wanderer gehe von einem Ort O aus und schlage an Wegverzweigungen völlig zufällig eine der möglichen Richtungen ein. Die Wege sind in Abbildung 3 schematisch dargestellt. Wie groß ist die Wahrscheinlichkeit dafür, daß der Wanderer zum Punkt A gelangt? Auf jeden Fall muß er, wie aus Abbildung 3 er-

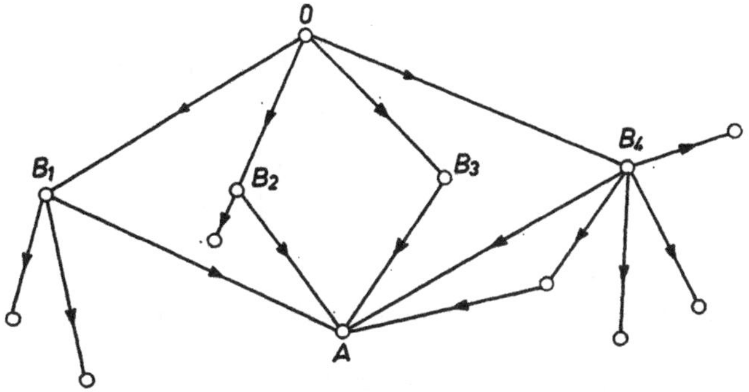

Abb. 3

sichtlich ist, einen der Punkte B_1, B_2, B_3, B_4 passieren. Mit B_k bezeichnen wir das Ereignis, daß er durch den Punkt B_k kommt. Die Ereignisse B_1, B_2, B_3 und B_4 bilden ein vollständiges System paarweise disjunkter Ereignisse. Weil der Wanderer völlig zufällig in eine der Richtungen OB_1, OB_2, OB_3, OB_4 geht, sind die Ereignisse B_k gleichwahrscheinlich, es gilt also $\mathsf{P}(B_k) = \frac{1}{4}$. Befindet sich der Wanderer im Punkt B_1, so kann er nur auf einem der drei möglichen Wege, die von B_1 wegführen, zum Punkt A

gelangen. Alle drei Wege sind gleichwahrscheinlich; deshalb ist die bedingte Wahrscheinlichkeit, nach A zu kommen, unter der Bedingung des Ereignisses B_1 gleich $\frac{1}{3}$. Bezeichnet A das Ereignis „Der Wanderer kommt zum Punkt A“, dann gilt $\mathsf{P}(A \mid B_1) = \frac{1}{3}$. Auf ähnliche Weise erhält man

$$\mathsf{P}(A \mid B_2) = \frac{1}{2}, \quad \mathsf{P}(A \mid B_3) = 1, \quad \mathsf{P}(A \mid B_4) = \frac{2}{5},$$

und aus der Formel für die totale Wahrscheinlichkeit ergibt sich

$$\begin{aligned}\mathsf{P}(A) &= \mathsf{P}(A \mid B_1)\,\mathsf{P}(B_1) + \mathsf{P}(A \mid B_2)\,\mathsf{P}(B_2) \\ &\quad + \mathsf{P}(A \mid B_3)\,\mathsf{P}(B_3) + \mathsf{P}(A \mid B_4)\,\mathsf{P}(B_4) \\ &= \frac{1}{4}\left(\frac{1}{3} + \frac{1}{2} + 1 + \frac{2}{5}\right) = \frac{61}{120}.\end{aligned}$$

Eine Aufgabe zur Auswahl des besten Objektes

Es sei eine Menge von m Objekten gegeben. Diese seien so beschaffen, daß man von je zweien durch Vergleich entscheiden kann, welches besser und welches schlechter ist. Die Aufgabe bestehe darin, das beste unter diesen m Objekten auszuwählen. Dazu hat man die Möglichkeit, nacheinander Objekte herauszugreifen, diese zu untersuchen und dann zu entscheiden, ob man bei dem jeweils betrachteten Objekt bleibt oder ob man weitersucht. Durch folgende Bedingung wird die Aufgabenstellung noch erschwert: Ein einmal untersuchtes Objekt, für das man sich nicht entschieden hat, kann nie wieder in Betracht gezogen werden. Insbesondere kann es vorkommen, daß das beste Objekt in der Hoffnung abgelehnt wird, bei der weiteren Untersuchung ein noch besseres zu finden. (Man stelle sich beispielsweise eine anspruchsvolle Braut vor, die mit dem um sie werbenden jungen Mann entweder die Ehe eingeht und dann ihre Wahl beendet, oder sein Angebot ausschlägt, um ihn dann für immer als Bräutigam zu verlieren.)

Wir wollen bei der Auswahl auf folgende plausible Weise verfahren: Wir untersuchen die Objekte nacheinander und wählen auf jeden Fall keines, das schlechter als irgend ein vorangegangenes ist. Insbesondere haben wir die Möglichkeit, das erste untersuchte Objekt auszuwählen (und damit den Auswahlprozeß zu beenden). Andernfalls setzen wir die Betrachtung solange fort, bis nach irgendeinem Schritt ein Objekt auftritt, das besser als alle vorangegangenen ist. Jetzt können wir uns entweder für dieses, unter den betrachteten Objekten beste, entscheiden und damit den Auswahlprozeß abschließen, oder die Untersuchung in der Hoffnung fortsetzen, ein noch besseres zu finden usw. Natürlich ist dabei nicht ausgeschlossen, daß das beste Objekt beiseite gelegt wird, und dann überhaupt keins ausgewählt werden kann. Ist jedoch die Anzahl der vorhandenen Objekte groß, so wird man andererseits kaum das erste anfallende nehmen, ohne zu versuchen, auf ein noch besseres zu treffen.

Wir nehmen an, eine Person habe die angegebene Regel befolgt und nach k Objekten die Untersuchung abgebrochen. Das letzte der k betrachteten Objekte war also besser als alle vorangegangenen. Wie groß ist die Wahrscheinlichkeit dafür, daß dieses Objekt das beste in der gesamten Menge sowohl der untersuchten als auch der noch nicht betrachteten Objekte ist?

Mit B bezeichnen wir das Ereignis, daß sich unter k begutachteten Objekten das letzte als das beste erweist. Dem Beobachter ist bekannt, daß B eingetreten ist. Unter A wollen wir das Ereignis „Das k-te betrachtete Objekt ist das beste unter allen vorhandenen“ verstehen. Die oben gestellte Frage wird durch Berechnung der bedingten Wahrscheinlichkeit $\mathsf{P}(A \mid B)$ des Ereignisses A unter der Bedingung B beantwortet. Verwendet man zur

Bestimmung dieser bedingten Wahrscheinlichkeit die Formel (3.0), so müssen die Wahrscheinlichkeiten $\mathsf{P}(B)$ und $\mathsf{P}(AB)$ ermittelt werden. Da A in B enthalten ist, stimmen die Ereignisse AB und A überein. Die Objekte werden aufs Geratewohl ausgewählt. Deshalb sind alle Folgen von Objekten, die beim aufeinanderfolgenden Herausgreifen entstehen können, gleichwahrscheinlich. Daraus ergibt sich, daß die Wahrscheinlichkeit des Ereignisses B gleich der Wahrscheinlichkeit dafür ist, daß bei einer auf gut Glück gewählten Permutation von k qualitativ verschiedenen Objekten an der k-ten Stelle das beste steht. Diese Wahrscheinlichkeit ist gleich $\frac{(k-1)!}{k!}$, denn $k!$ ist die Anzahl aller möglichen Permutationen von k Elementen und $(k-1)!$ die Zahl derjenigen von ihnen, bei denen sich an der k-ten Stelle ein wohlbestimmtes Element befindet. Folglich gilt

$$\mathsf{P}(B) = \frac{(k-1)!}{k!} = \frac{1}{k}.$$

Völlig analog erhält man die Wahrscheinlichkeit des Ereignisses A, die mit der Wahrscheinlichkeit dafür übereinstimmt, daß bei einer auf gut Glück herausgegriffenen Permutation von m untereinander verschiedenen Objekten an der festgehaltenen k-ten Stelle ein bestimmtes, und zwar das beste der m Elemente, steht. Es folgt

$$\mathsf{P}(A) = \frac{(m-1)!}{m!} = \frac{1}{m}.$$

Für die gesuchte bedingte Wahrscheinlichkeit $\mathsf{P}(A\,|\,B)$ ergibt sich

$$\mathsf{P}(A\,|\,B) = \frac{\mathsf{P}(AB)}{\mathsf{P}(B)} = \frac{\mathsf{P}(A)}{\mathsf{P}(B)} = \frac{k}{m}.$$

Die Wahrscheinlichkeit für den Ruin eines Spielers

Wir betrachten folgendes Spiel. Vor dem Werfen einer Münze versucht der Spieler das Ergebnis, Zahl oder Wappen, zu erraten. Wenn seine Vermutung stimmt, erhält er einen Rubel, andernfalls muß er den gleichen Betrag bezahlen. Sein Anfangskapital betrage x Rubel. Er stellt sich die Aufgabe, so lange zu spielen, bis er eine Summe von a Rubel ($a \geqq x$) erreicht hat. Das Spiel wird fortgesetzt, bis das Kapital des Spielers a Rubel beträgt oder sein gesamtes Geld verspielt ist. Wie groß ist die Wahrscheinlichkeit dafür, daß er sein Anfangskapital verspielt und somit auch nicht die gewünschte Summe von a Rubel erreicht?

Diese Wahrscheinlichkeit hängt natürlich vom Anfangskapital x und der Zielsumme a ab. Es sei $p(x)$ die Wahrscheinlichkeit dafür, daß der Spieler mit einem Kapital von x Rubel beim Spiel ruiniert wird. Weiterhin bezeichne B_1 das Ereignis, daß der Spieler beim erstenmal gewinnt, d. h. das Ergebnis des ersten Wurfes richtig errät, und B_2 das Ereignis, daß er beim erstenmal verliert. Tritt B_1 ein, so hat der Spieler nach dem ersten Spiel ein Kapitel von $x + 1$ Rubel. Wird B_2 verwirklicht, so besitzt er nach dem ersten Spiel noch $x - 1$ Rubel. Versteht man unter A das Ereignis „Der Spieler wird ruiniert“, so erhält man deshalb

$$\mathsf{P}(A \mid B_1) = p(x + 1), \quad \mathsf{P}(A \mid B_2) = p(x - 1).$$

Die Ereignisse B_1 und B_2 bilden ein vollständiges System, weil der Spieler das erste Spiel auf jeden Fall verliert oder gewinnt. Es gilt

$$\mathsf{P}(B_1) = \frac{1}{2},$$

$$\mathsf{P}(B_2) = \frac{1}{2}.$$

Die Formel für die totale Wahrscheinlichkeit liefert die Gleichung

$$p(x) = \frac{1}{2}\big(p(x+1) + p(x-1)\big) \qquad (1 \leqq x \leqq a-1).$$

Außerdem soll $p(x)$ den Bedingungen

$$p(0) = 1, \quad p(a) = 0$$

genügen. Die Lösung dieser Gleichung ist die lineare Funktion[1])

$$p(x) = C_1 + C_2 x,$$

deren Koeffizienten aus den angegebenen Bedingungen bestimmt werden. Man erhält

$$C_1 = 1, \quad C_1 + C_2 a = 0.$$

Die gesuchte Wahrscheinlichkeit für den Ruin des Spielers bei einem Anfangskapital von x Rubel ist demnach

$$p(x) = 1 - \frac{x}{a} \quad (0 \leqq x \leqq a).$$

3.2. Im folgenden Abschnitt wollen wir zwei beliebige, voneinander unabhängige Versuche betrachten. Unabhängigkeit bedeutet, daß der Ausgang des einen Versuches in keiner Weise den des anderen beeinflußt. Es seien A_1 bzw. A_2 zwei Ereignisse, die bei der Durchführung des ersten bzw. des zweiten Versuches eintreten können. Weil die Versuche unabhängig sind, ist es für das Eintreten von A_2 belanglos, ob A_1 eingetreten ist oder nicht. Dasselbe gilt offenbar auch umgekehrt. In diesem Sinne sagt man, daß A_1 und A_2 voneinander unabhängig

---

[1]) Unter der Annahme, daß x und a natürliche Zahlen sind, was im vorliegenden Fall keine wesentliche Einschränkung bedeutet, ist die angegebene Lösung die einzig mögliche. (Anm. des Bearbeiters.)

sind. Wie groß ist die Wahrscheinlichkeit dafür, daß bei gleichzeitiger Durchführung der beiden Versuche sowohl A_1 als auch A_2 eintreten?

Zur Beantwortung dieser Frage erinnern wir uns der empirisch gewonnenen Aussage, daß die relative Häufigkeit eines Ereignisses in einer langen Reihe unabhängiger Versuche näherungsweise gleich seiner Wahrscheinlichkeit ist (vgl. Abschnitt 1.1). Stellen wir uns nun eine große Serie unabhängiger Experimente vor. In jedem dieser Experimente werden beide oben betrachteten Versuche ausgeführt. Ist die Gesamtzahl der Experimente gleich n und die Anzahl derjenigen, bei denen sowohl A_1 als auch A_2 eintreten, gleich $n(A_1 A_2)$, so erhält man auf Grund der erwähnten empirisch gewonnenen Tatsache für die Wahrscheinlichkeit $\mathsf{P}(A_1 A_2)$ die Beziehung

$$\mathsf{P}(A_1 A_2) \sim \frac{n(A_1 A_2)}{n}.$$

Wir betrachten jetzt nur die Experimente, bei denen der zweite der beiden Versuche zum Eintreten von A_2 geführt hat. Ihre Anzahl sei gleich $n(A_2)$. Es gilt $\mathsf{P}(A_2) \sim \frac{n(A_2)}{n}$. Analog ergibt sich $\mathsf{P}(A_1) \sim \frac{n(A_1)}{n}$. Wegen der Unabhängigkeit von A_1 und A_2 kann $\mathsf{P}(A_1)$ auch folgendermaßen bestimmt werden. Wir betrachten eine neue Versuchsreihe, die aus den $n(A_2)$ Experimenten besteht, bei denen A_2 realisiert wird, und bilden die relative Häufigkeit des Eintretens von A_1 innerhalb dieser Versuchsreihe. Sie ist gleich $\frac{n(A_1 A_2)}{n(A_2)}$. Das Ereignis A_2 hängt nur mit dem zweiten Versuch zusammen, der völlig unabhängig vom ersten und dem damit verbundenen Ereignis A_1 verläuft. Folglich wird A_1 in der neuen Versuchsreihe in etwa dem gleichen Anteil der Fälle eintreten wie in der gesamten Reihe. Es gilt also

$$\mathsf{P}(A_1) \sim \frac{n(A_1)}{n} \sim \frac{n(A_1 A_2)}{n(A_2)}.$$

Die erhaltenen Beziehungen geben die Möglichkeit, die Wahrscheinlichkeit für das gemeinsame Eintreten der unabhängigen Ereignisse A_1 und A_2 durch ihre Einzelwahrscheinlichkeiten $\mathsf{P}(A_1)$ und $\mathsf{P}(A_2)$ auszudrücken:

$$\mathsf{P}(A_1 A_2) \sim \frac{n(A_1 A_2)}{n} \sim \frac{n(A_1 A_2)}{n(A_2)} \cdot \frac{n(A_2)}{n} \sim \mathsf{P}(A_1)\,\mathsf{P}(A_2).$$

Nach Übergang zu den genauen Gleichungen erhalten wir

$$\mathsf{P}(A_1 A_2) = \mathsf{P}(A_1)\,\mathsf{P}(A_2). \tag{3.3}$$

Abgesehen von den konkreten Bedingungen des jeweiligen Versuches bezeichnet man in der Wahrscheinlichkeitstheorie zwei Ereignisse A_1 und A_2 als *unabhängig*, wenn für sie die Gleichung (3.3) gilt.

Diese Definition der Unabhängigkeit zweier Ereignisse steht in enger Beziehung zu dem im vorigen Abschnitt eingeführten Begriff der bedingten Wahrscheinlichkeit. Genau dann sind nämlich zwei Ereignisse A_1 und A_2 unabhängig, wenn sich das Eintreten von A_2 nicht auf die Wahrscheinlichkeit des Eintretens von A_1 auswirkt, genauer, wenn die bedingte Wahrscheinlichkeit $\mathsf{P}(A_1 \mid A_2)$ gleich der Wahrscheinlichkeit von A_1 ist:

$$\mathsf{P}(A_1 \mid A_2) = \mathsf{P}(A_1).$$

Die Aussage bleibt richtig, wenn A_1 und A_2 vertauscht werden.

Den Beweis erhält man sofort, wenn man berücksichtigt, daß die Beziehung

$$\mathsf{P}(A_1 \mid A_2) = \frac{\mathsf{P}(A_1 A_2)}{\mathsf{P}(A_2)} = \mathsf{P}(A_1)$$

genau dann gilt, wenn die Gleichung (3.3) erfüllt ist.

Beispiel 1: Wir betrachten folgenden Versuch. Aus einem Kartenspiel von 32 Karten wird aufs Geratewohl eine gezogen. Das Ereignis A_1 bestehe darin, daß sie zur

Farbe Pik gehört, und das Ereignis A_2, daß es sich um eine Dame handelt. Sind diese Ereignisse voneinander unabhängig?

Es ist schwierig, die Frage ohne weiteres rein gefühlsmäßig zu beantworten. Aber bereits eine einfache Rechnung ergibt für $\mathsf{P}(A_1)$ wegen der acht im Spiel befindlichen Pik-Karten den Wert $\frac{8}{32} = \frac{1}{4}$ und für $\mathsf{P}(A_2)$ wegen der vier vorhandenen Damen den Wert $\frac{4}{32} = \frac{1}{8}$. Die Wahrscheinlichkeit $\mathsf{P}(A_1 A_2)$ dafür, daß man die Pik-Dame zieht, ist $\frac{1}{32}$. Man erhält also

$$\mathsf{P}(A_1 A_2) = \mathsf{P}(A_1)\,\mathsf{P}(A_2),$$

wodurch die Unabhängigkeit von A_1 und A_2 erwiesen ist.

B e i s p i e l 2: Angenommen, es werden zwei Spielwürfel gleichzeitig geworfen. Wir definieren drei Ereignisse A_1, A_2 und A_3 durch A_1, „Auf dem ersten Würfel erscheint eine ungerade Zahl", A_2, „Auf dem zweiten Würfel erscheint eine ungerade Zahl", und A_3, „Die gewürfelte Augensumme ist ungerade". Die vom ersten Würfel gelieferte Augenzahl beeinflußt in keiner Weise die Augenzahl, die mit dem zweiten Würfel erzielt wird. Die Ereignisse A_1 und A_2 sind also voneinander unabhängig. Es gilt

$$\mathsf{P}(A_1) = \mathsf{P}(A_2) = \frac{1}{2}.$$

Das Ereignis A_3 wird unter der Bedingung, daß A_1 eingetreten ist, genau dann verwirklicht, wenn der zweite Würfel eine gerade Augenzahl zeigt. Man hat also

$$\mathsf{P}(A_3 | A_1) = \frac{1}{2}.$$

Analog erhält man

$$P(A_3|A_2) = \frac{1}{2}.$$

Weil $P(A_3)$ ebenfalls gleich $\frac{1}{2}$ ist, sind auch die Ereignisse A_1 und A_3 bzw. A_2 und A_3 voneinander unabhängig. Also sind von den drei Ereignissen A_1, A_2 und A_3 je zwei voneinander unabhängig; man sagt auch, A_1, A_2 und A_3 seien paarweise unabhängig.

Unter der Bedingung, daß A_1 und A_2 gleichzeitig eingetreten sind, ist jedoch A_3 ein unmögliches Ereignis, so daß es nicht als unabhängig von der Menge $\{A_1, A_2\}$ der Ereignisse A_1 und A_2 angesehen werden kann. Dieser Sachverhalt gibt zu folgender Definition Anlaß.

Die Ereignisse $A_k (k = 1, 2, \ldots)$ heißen *vollständig unabhängig*, wenn für je endlich viele $A_{i_1}, \ldots, A_{i_n}$ $(1 \leqq i_1 < \cdots < i_n)$ die Wahrscheinlichkeit ihres Durchschnitts gleich dem Produkt der einzelnen Wahrscheinlichkeiten ist:

$$P(A_{i_1} \cdots A_{i_n}) = P(A_{i_1}) P(A_{i_2}) \cdots P(A_{i_n}). \tag{3.4}$$

Wir geben jetzt noch eine wichtige Eigenschaft vollständig unabhängiger Ereignisse an. A_1, A_2, ... seien vollständig unabhängige Ereignisse, die in Gruppen

$$(A_{i_1}, A_{i_2}, \ldots), (A_{j_1}, A_{j_2}, \ldots), \ldots$$

eingeteilt werden. Dabei soll jedes Ereignis A_k höchstens einer Gruppe angehören. Das Ereignis B_k sei irgendeine Kombination von Ereignissen der k-ten Gruppe $(k = 1, 2, \ldots)$. Dann sind auch $B_1, B_2, \ldots$ vollständig unabhängig.

3.3. Wir beschäftigen uns in diesem Abschnitt mit der Frage, wie man eine Information messen kann.

Ein grobes Maß für die in einem Schriftstück enthaltene Information ist die Länge des Textes. Dabei muß man natürlich eine passende Schrift, d. h. eine geeignete Kodierung der Information, verwenden. Die folgenden Ausführungen dienen zur Definition eines besseren Maßes.

Wir nehmen an, es seien N Objekte beliebiger Natur gegeben. Jedem dieser Objekte ordnen wir eine Kombination $(a_1, \ldots, a_d)$ von Zahlen $a_i (i = 1, \ldots, d)$ zu, wobei jedes a_i nur die Werte 0 oder 1 annehmen kann, und die Länge d aller Kombinationen gleich ist. (Eine solche Zuordnung wird als Binärkode bezeichnet.) Insgesamt gibt es 2^d derartige Kombinationen aus Nullen und Einsen. Voneinander verschiedenen Objekten sollen verschiedene Kombinationen entsprechen. Deshalb müssen wir für d eine natürliche Zahl wählen, die die Ungleichung $N \leqq 2^d$ erfüllt. Das kleinste d mit dieser Eigenschaft ist die natürliche Zahl, die der Bedingung

$$0 \leqq d - \log_2 N < 1$$

genügt. Der Wert

$$I = \log_2 N$$

ist also ein Maß für die ökonomischste Länge von Kombinationen aus Nullen und Einsen, mit deren Hilfe man N verschiedene Objekte beschreiben kann.

Angenommen, es wird ein Versuch durchgeführt, dessen Resultat eines von N gleichwahrscheinlichen und einander ausschließenden Ereignissen $A_1, \ldots, A_N$ ist. Wie kann man die Information abschätzen, die in einer Nachricht über den tatsächlichen Ausgang A_i des Versuches enthalten ist?

In der Wahrscheinlichkeitstheorie wird diese Information durch

$$I = \log_2 N$$

definiert.

Die Ereignisse $A_1, \ldots, A_N$ mögen nun verschiedene Wahrscheinlichkeiten besitzen:

$$p_1 = \mathsf{P}(A_1), \ldots, p_N = \mathsf{P}(A_N).$$

Ist die Wahrscheinlichkeit von A_i groß, so enthält die Nachricht, daß dieses Ereignis tatsächlich eingetreten ist, wenig Information. Je größer die Wahrscheinlichkeit $\mathsf{P}(A_i)$ wird, um so mehr verringert sich diese Information. Insbesondere trägt die Nachricht über das Eintreten des sicheren Ereignisses keine Information (auch ohne die Nachricht ist bekannt, daß das sichere Ereignis eintritt).

Wir nehmen nun an, daß eine Reihe unabhängiger und gleichartiger Versuche durchgeführt wird, wobei in jedem Versuch eines der betrachteten Ereignisse $A_1, \ldots, A_N$ eintritt. Die Nachricht über den Ausgang dieser n Versuche kann in Form einer Folge $(A_{i_1}, A_{i_2}, \ldots, A_{i_n})$ geschrieben werden. Dabei ist A_{i_k} das Ereignis aus der Menge $\{A_1, \ldots, A_N\}$, das beim k-ten Versuch eintritt.

Wir hatten früher (vgl. Abschnitt 1.1) festgestellt, daß die relative Häufigkeit $\frac{n(A)}{n}$ eines Ereignisses A in einer langen Reihe unabhängiger Versuche praktisch gleich seiner Wahrscheinlichkeit $\mathsf{P}(A)$ ist. Darum wird in der Nachricht $(A_{i_1}, \ldots, A_{i_n})$ das Ereignis A_1 ungefähr $n_1 \sim np_1$-mal auftreten, das Ereignis A_2 ungefähr $n_2 \sim np_2$-mal usw. Wir untersuchen deshalb im weiteren nur Nachrichten, bei denen etwa np_i-mal A_i vorkommt $(i = 1, \ldots, N)$.

Die Anzahl aller Nachrichten, in denen n_1-mal das Ereignis A_1, n_2-mal das Ereignis A_2 usw. auftritt $(n_1 + \cdots + n_N = n)$, ist nach Formel (1.7) gleich

$$N_n = \frac{n!}{n_1!\, n_2! \cdots n_N!}.$$

Die Wahrscheinlichkeit einer jeden solchen Nachricht beträgt

$$\mathsf{P}(A_{i_1})\, \mathsf{P}(A_{i_2}) \cdots \mathsf{P}(A_{i_n}) = p_1^{n_1}\, p_2^{n_2} \cdots p_N^{n_N}.$$

Setzen wir $n_k \sim np_k$ $(k = 1, \ldots, N)$, so folgt mittels der

STIRLINGschen Formel (für $n \to \infty$)

$$\frac{n!}{n_1!\, n_2! \cdots n_N!}$$

$$\sim \frac{\sqrt{2\pi n}\, n^n e^{-n}}{\sqrt{2\pi n_1}\, n_1^{n_1} e^{-n_1} \sqrt{2\pi n_2}\, n_2^{n_2} e^{-n_2} \cdots \sqrt{2\pi n_N}\, n_N^{n_N} e^{-n_N}}$$

und

$$\ln \frac{n!}{n_1!\, n_2! \cdots n_N!} \sim n \ln n - n p_1 \ln(n p_1)$$

$$- n p_2 \ln(n p_2) - \cdots - n p_N \ln(n p_N) + [\ln \sqrt{2\pi n}$$

$$- \ln \sqrt{2\pi n_1} - \cdots] \sim \left(- \sum_{i=1}^{N} p_i \ln p_i\right) n.$$

Alle Nachrichten, bei denen n_k-mal A_k ($k = 1, \ldots, N$) auftritt ($n_k \sim n p_k$, $n_1 + n_2 + \cdots + n_N = n$), sind demnach gleichwahrscheinlich, und ihre Anzahl N_n genügt der Beziehung

$$\ln N_n \sim \left(- \sum_{i=1}^{N} p_i \ln p_i\right) n.$$

Wenn jeder solchen Nachricht $(A_{i_1}, \ldots, A_{i_n})$ über den Ausgang einer Reihe von n Versuchen eine Kombination $(a_{i_1}, \ldots, a_{i_d})$ aus Nullen und Einsen zugeordnet wird, so gilt für die ökonomischste Länge d dieser Kombinationen nach der eingangs angegebenen Formel die Beziehung

$$d \sim \left(- \sum_{i=1}^{N} p_i \log_2 p_i\right) n.$$

Im Mittel entfällt davon auf jeden der n Versuche

$$I = - \sum_{i=1}^{N} p_i \log_2 p_i. \tag{3.5}$$

In der Wahrscheinlichkeitstheorie wird die durch Formel (3.5) definierte Größe I als *Information* bezeichnet, die eine Nachricht über das Eintreten eines der Ereignisse $A_1, \ldots, A_N$ in einem einzelnen Versuch im Mittel enthält. Für gleichwahrscheinliche Ereignisse folgt $I = \log_2 N$.

Daß Formel (3.5) ein Maß für eine Information definiert, ist in der Praxis bestätigt worden. Man hat zum Beispiel experimentell ermittelt, daß im tierischen Organismus die für eine Informationsübertragung erforderliche Zeit proportional der nach (3.5) berechneten Größe I ist.

Als ähnliches Beispiel sei einer der einfachsten Versuche zur Bestimmung der mittleren Zeit von psychologischen Reaktionen angeführt. Er verläuft folgendermaßen. Vor einer Testperson sind N Lampen angeordnet. Leuchtet eine Lampe auf, so muß die Person auf diese zeigen. Führt man eine lange Reihe von Versuchen durch, in denen jede Lampe mit einer bestimmten Wahrscheinlichkeit p_i aufleuchtet, so zeigt sich[1]), daß die mittlere Zeit, die für eine richtige Antwort benötigt wird, proportional zu $I = -\sum_{i=1}^{N} p_i \log_2 p_i$ ist und nicht zur Anzahl der Lampen, wie man zunächst vermuten würde.

Wir geben eine noch allgemeinere Definition der Information an. Es seien $A_1, A_2, \ldots$ und $B_1, B_2, \ldots$ vollständige Systeme jeweils paarweise disjunkter Ereignisse. Eine Nachricht bestehe in der Mitteilung, welches von den Ereignissen $B_1, B_2, \ldots$ eingetreten ist. Als Information, die diese Nachricht über die Ereignisse $A_1, A_2, \ldots$ enthält, definiert man den Wert

$$I = \sum_{i,j} \mathsf{P}(A_i B_j) \log_2 \frac{\mathsf{P}(A_i B_j)}{\mathsf{P}(A_i)\,\mathsf{P}(B_j)}. \tag{3.6}$$

Beispiel: Angenommen, an einem bestimmten Ort regnet es im Frühjahr und im Sommer durchschnittlich

[1]) Vgl. A. M. Jaglom, I. M. Jaglom, Wahrscheinlichkeit und Information, 2. Aufl., Berlin 1965.

jeden 5. Tag; an den anderen Tagen herrscht schönes Wetter. Jeden Abend wird für den nächsten Tag eine Wettervorhersage aufgestellt. Diese Prognose kann natürlich fehlerhaft sein. Wir wollen voraussetzen, daß, wenn der Wetterbericht für den nächsten Tag Regen ankündigt, diese Voraussage in etwa der Hälfte der Fälle stimmt (das Eintreten des geringwahrscheinlichen Ereignisses „Es wird regnen" richtig vorauszusagen, ist sehr schwierig). Dagegen sei die Vorhersage von schönem Wetter wesentlich genauer und nur in einem von zehn Fällen falsch. Wie groß ist die Information, die eine Wettervorhersage im Mittel besitzt?

Mit den Bezeichnungen A_1, „Es wird regnen", A_2, „Es wird schönes Wetter herrschen", B_1, „Es wird Regen angesagt", und B_2, „Es wird schönes Wetter angesagt", gilt

$$\mathsf{P}(A_1) = \frac{1}{5}, \qquad \mathsf{P}(A_2) = \frac{4}{5},$$

$$\mathsf{P}(A_1 \mid B_1) = \frac{1}{2}, \qquad \mathsf{P}(A_1 \mid B_2) = \frac{1}{10}.$$

Mit Hilfe der Formel für die totale Wahrscheinlichkeit

$$\mathsf{P}(A_1) = \mathsf{P}(A_1 \mid B_1)\, \mathsf{P}(B_1) + \mathsf{P}(A_1 \mid B_2)\, \mathsf{P}(B_2)$$

folgt

$$\mathsf{P}(B_1) = \frac{1}{4}, \qquad \mathsf{P}(B_2) = 1 - \mathsf{P}(B_1) = \frac{3}{4}$$

und

$$\mathsf{P}(A_1 B_1) = \mathsf{P}(A_1 \mid B_1)\, \mathsf{P}(B_1) = \frac{1}{8}, \qquad \mathsf{P}(A_1 B_2) = \frac{3}{40},$$

$$\mathsf{P}(A_2 B_1) = \big(1 - \mathsf{P}(A_1 \mid B_1)\big)\, \mathsf{P}(B_1) = \frac{1}{8},$$

$$\mathsf{P}(A_2 B_2) = \frac{27}{40},$$

woraus sich mittels Formel (3.6)

$$I = \frac{1}{8}\log_2\frac{5}{2} + \frac{3}{40}\log_2\frac{1}{2} + \frac{1}{8}\log_2\frac{5}{8} + \frac{27}{40}\log_2\frac{9}{8} \approx 0{,}13$$

ergibt.

Wie groß ist dagegen die Information, die in einer völlig fehlerfreien Prognose enthalten ist?

In diesem Fall gilt $B_1 = A_1$, $B_2 = A_2$ und damit

$$I = -\frac{1}{5}\log_2\frac{1}{5} - \frac{4}{5}\log_2\frac{4}{5} \approx 0{,}71\,.$$

4. Allgemeine Einführung und Eigenschaften von Wahrscheinlichkeiten, Zufallsgrößen und Wahrscheinlichkeitsverteilungen, Erwartungswerte

4.1. Die Methoden und Ergebnisse der modernen Wahrscheinlichkeitstheorie beruhen auf einigen einfachen Voraussetzungen. Es sei irgendein Raum Ω von Elementarereignissen ω gegeben. Ferner sei für die zu betrachtenden Ereignisse A (jedes dieser Ereignisse wird mit einer gewissen Menge von Elementarereignissen identifiziert) eine Wahrscheinlichkeit $\mathsf{P}(A)$ mit der Eigenschaft

$$0 \leqq \mathsf{P}(A) \leqq 1$$

definiert. Das unmögliche Ereignis $A = \emptyset$ besitze die Wahrscheinlichkeit 0 und das sichere Ereignis $A = \Omega$ die Wahrscheinlichkeit 1.

Sind für die (endlich oder abzählbar unendlich vielen) Ereignisse A_1, A_2, ... die entsprechenden Wahrscheinlichkeiten definiert, so sollen sie auch für alle Ereignisse definiert sein, die man aus A_1, A_2, ... durch Vereinigungs-,

Durchschnitts- und Differenzbildungen sowie durch Übergang zu komplementären Ereignissen erzeugen kann. Für paarweise disjunkte Ereignisse A_1, A_2, ... soll außerdem die Wahrscheinlichkeit ihrer Vereinigung der Gleichung

$$\mathsf{P}(\bigcup_k A_k) = \sum_k \mathsf{P}(A_k) \tag{4.0}$$

genügen.

Aus diesem Axiom, das man auch als Additionstheorem für Wahrscheinlichkeiten bezeichnet, folgt die Stetigkeitseigenschaft von Wahrscheinlichkeiten: Ist $A_1 \subseteq A_2 \subseteq \ldots$ eine monoton wachsende Folge von Ereignissen, d. h. eine Folge, bei der jedes Ereignis $A_k (k = 1, 2, \ldots)$ die vorangehenden Ereignisse A_1, $A_2, \ldots, A_{k-1}$ enthält, dann gilt

$$\mathsf{P}(\bigcup_k A_k) = \lim_{n\to\infty} \mathsf{P}(A_n). \tag{4.1}$$

Das Ereignis $\bigcup_k A_k$ ist nämlich mit der Vereinigung der paarweise disjunkten Ereignisse $B_1 = A_1$, $B_2 = A_2 \setminus B_1, \ldots, B_n = A_n \setminus \left(\bigcup_{k=1}^{n-1} B_k\right)$, ... identisch, wobei die Vereinigung der Ereignisse $B_1, B_2, \ldots, B_n$ mit A_n übereinstimmt. Nach dem Additionstheorem für Wahrscheinlichkeiten gilt

$$\mathsf{P}\left(\bigcup_k A_k\right) = \mathsf{P}\left(\bigcup_k B_k\right) = \sum_k \mathsf{P}(B_k) = \lim_{n\to\infty} \sum_{k=1}^{n} \mathsf{P}(B_k)$$
$$= \lim_{n\to\infty} \mathsf{P}(A_n).$$

Analog ergibt sich für eine monoton fallende Folge von Ereignissen $A_1 \supseteq A_2 \supseteq \ldots$, d. h. für eine Folge, bei der jedes Ereignis A_k in allen vorangegangenen Ereignissen $A_1, A_2, \ldots, A_{k-1}$ enthalten ist, die Beziehung

$$\mathsf{P}\left(\bigcap_k A_k\right) = \lim_{n\to\infty} \mathsf{P}(A_n). \tag{4.2}$$

Der Beweis erfolgt, indem man zu den komplementären Ereignissen $\bar{A}_1 \subseteq \bar{A}_2 \subseteq \ldots$ übergeht. Diese bilden eine monoton wachsende Folge, und deshalb kann man die Stetigkeitseigenschaft (4.1) ausnutzen:

$$\mathsf{P}\left(\bigcap_k A_k\right) = 1 - \mathsf{P}\left(\bigcup_k \bar{A}_k\right)$$
$$= 1 - \lim_{n\to\infty} \mathsf{P}(\bar{A}_n) = \lim_{n\to\infty} [1 - \mathsf{P}(\bar{A}_n)] = \lim_{n\to\infty} \mathsf{P}(A_n).$$

Sind die Ereignisse A_1, A_2, ... nicht paarweise disjunkt, so gilt für die Wahrscheinlichkeit ihrer Vereinigung die Ungleichung

$$\mathsf{P}\left(\bigcup_k A_k\right) \leqq \sum_k \mathsf{P}(A_k). \tag{4.3}$$

Der Beweis verläuft wie folgt. Das Ereignis $\bigcup_k A_k$ ist gleich der Vereinigung der paarweise disjunkten Ereignisse $B_1 = A_1, B_2 = A_2 \setminus B_1, \ldots, B_n = A_n \setminus \left(\bigcup_{k=1}^{n-1} B_k\right), \ldots$. Damit erhält man, wenn man $B_k \subseteq A_k$ und $\mathsf{P}(B_k) \leqq \mathsf{P}(A_k)$ (vgl. Formel (2.1)) berücksichtigt, die Ungleichung

$$\mathsf{P}\left(\bigcup_k A_k\right) = \mathsf{P}\left(\bigcup_k B_k\right) = \sum_k \mathsf{P}(B_k) \leqq \sum_k \mathsf{P}(A_k).$$

Beispiel (Die Lemmata von BOREL-CANTELLI): Es seien A_1, A_2, ... eine Folge von Ereignissen und B das Ereignis „Es treten unendlich viele der A_k ein". Gesucht ist die Wahrscheinlichkeit $\mathsf{P}(B)$ des Ereignisses B.

Das Problem läßt sich verhältnismäßig einfach lösen, wenn die Wahrscheinlichkeiten $\mathsf{P}(A_k) = p_k$ genügend schnell klein werden, und zwar wenn die Ungleichung

$$\sum_k p_k < \infty$$

gilt.

Um $\mathsf{P}(B)$ berechnen zu können, stellen wir B zunächst durch die Ereignisse A_k dar. Das Ereignis $B_n = \bigcup_{k \geqq n} A_k$ tritt genau dann ein, wenn mindestens eines der Ereignisse $A_n, A_{n+1}, \ldots$ realisiert wird. Treten unendlich viele der Ereignisse $A_1, A_2, \ldots$ ein (mit anderen Worten, findet B statt), so wird auch jedes der B_n $(n = 1, 2, \ldots)$ verwirklicht. Wird andererseits jedes der Ereignisse B_n realisiert, dann gilt dasselbe auch für B. Man erhält also

$$B = \bigcap_n B_n = \bigcap_n \Big(\bigcup_{k \geqq n} A_k \Big).$$

Nach Konstruktion der B_n gilt $B_1 \supseteq B_2 \supseteq \ldots$. Mit Hilfe der Stetigkeitseigenschaft (4.2) folgt

$$\mathsf{P}(B) = \lim_{n \to \infty} \mathsf{P}(B_n) = 0,$$

da wegen der Konvergenz der Reihe $\sum_k p_k$ die Beziehung

$$\mathsf{P}(B_n) = \mathsf{P}\Big(\bigcup_{k \geqq n} A_k \Big) \leqq \sum_{k \geqq n} \mathsf{P}(A_k) = \sum_{k \geqq n} p_k \to 0 \quad \text{für } n \to \infty$$

gilt.

Das Ergebnis kann man folgendermaßen formulieren.

Wenn die Reihe $\sum_k p_k$ konvergiert, so treten mit Wahrscheinlichkeit 1 nur endlich viele Ereignisse der Folge A_1, $A_2, \ldots$ ein.

Wir wollen jetzt die Wahrscheinlichkeit $\mathsf{P}(B)$ für den Fall berechnen, daß die Reihe $\sum_k p_k$ divergiert, d. h., daß

$$\sum_k p_k = \infty$$

gilt. Zusätzlich nehmen wir an, die Ereignisse $A_1, A_2, \ldots$ seien vollständig unabhängig.

Für die komplementären Ereignisse $\bar{B}, \bar{B}_n$ $(n = 1, 2, \ldots)$ erhalten wir

$$\bar{B} = \bigcup_n \bar{B}_n, \quad \bar{B}_n = \bigcap_{k \geqq n} \bar{A}_k, \quad \bar{B}_n \subseteq \bigcap_{k=n}^{n+m} \bar{A}_k$$

(m bezeichne eine beliebige natürliche Zahl).

Weiterhin gilt für jedes einzelne Ereignis $\overline{B}_n$ die Ungleichung

$$\mathsf{P}(\overline{B}_n) \leqq \mathsf{P}\left(\bigcap_{k=n}^{n+m} \overline{A}_k\right) = \bigcap_{k=n}^{n+m} \mathsf{P}(\overline{A}_k)$$

$$= (1 - p_n) \cdots (1 - p_{n+m}) \leqq e^{-\sum\limits_{k=n}^{n+m} p_k}.$$

Bei diesen Abschätzungen wurde die Gültigkeit von $1 - x \leqq e^{-x}$ $(x \geqq 0)$ benutzt. Aus der Divergenz der Reihe $\sum\limits_k p_k$ folgt $\sum\limits_{k=n}^{n+m} p_k \to \infty$ für $m \to \infty$. Berücksichtigt man diese Tatsache in der angegebenen Ungleichung für $\mathsf{P}(\overline{B}_n)$, so erhält man, da diese Ungleichung für alle natürlichen Zahlen m gilt, $\mathsf{P}(\overline{B}_n) = 0$ $(n = 1, 2, \ldots)$. Das führt zu

$$0 \leqq \mathsf{P}(\overline{B}) \leqq \sum_n \mathsf{P}(\overline{B}_n) = 0$$

und

$$\mathsf{P}(B) = 1 - \mathsf{P}(\overline{B}) = 1.$$

Wir haben somit folgende Aussage bewiesen.

Divergiert die Reihe $\sum\limits_k p_k$, dann treten mit Wahrscheinlichkeit 1 *unendlich viele der vollständig unabhängigen Ereignisse $A_1, A_2, \ldots$ ein.*

4.2. Eine Funktion ξ, die in Abhängigkeit vom Elementarausgang $\omega \in \Omega$ bestimmte Zahlenwerte annimmt, nennen wir eine *Zufallsgröße*:

$$\xi = \xi(\omega) \quad (\omega \in \Omega).$$

Man sagt, die Zufallsgröße ξ besitze eine Wahrscheinlichkeitsverteilung, wenn die Wahrscheinlichkeiten $\mathsf{P}\{x' \leqq \xi \leqq x''\}$ für alle möglichen Ereignisse $\{x' \leqq \xi \leqq x''\}$ definiert sind. (Das Ereignis $\{x' \leqq \xi \leqq x''\}$ tritt genau dann ein, wenn ξ einen Wert $x = \xi(\omega)$ annimmt, der der Ungleichung $x' \leqq x \leqq x''$ genügt.)

Eine Zufallsgröße ξ besitzt eine *diskrete Wahrscheinlichkeitsverteilung* (man sagt auch, ξ sei diskret), wenn die Funktion $\xi = \xi(\omega)$ in Abhängigkeit von den Elementarausgängen ω nur endlich oder abzählbar unendlich viele verschiedene Werte x mit den entsprechenden Wahrscheinlichkeiten $P_\xi(x)$ annimmt:

$$P_\xi(x) = \mathsf{P}\{\xi = x\},$$

$$\sum_{-\infty}^{\infty} P_\xi(x) = 1.$$

Für solche Zufallsgrößen gilt

$$\mathsf{P}\{x' \leqq \xi \leqq x''\} = \sum_{x'}^{x''} P_\xi(x),$$

wobei sich die Summation über diejenigen Zahlen x erstreckt, die von der diskreten Zufallsgröße ξ angenommen werden können und den Beziehungen $x' \leqq x \leqq x''$ genügen.

Eine Zufallsgröße $\xi = \xi(\omega)$ hat eine *stetige Wahrscheinlichkeitsverteilung*, wenn eine auf den reellen Zahlen definierte, nichtnegative, integrierbare Funktion $p_\xi(x)$ existiert, die für alle reellen Zahlen x' und x'' mit $x' \leqq x''$ den Bedingungen

$$\mathsf{P}\{x' \leqq \xi \leqq x''\} = \int_{x'}^{x''} p_\xi(x)\,dx \tag{4.5}$$

und

$$\int_{-\infty}^{\infty} p_\xi(x)\,dx = 1$$

genügt. Die Funktion $p_\xi(x)$ heißt die *Dichte der Wahrscheinlichkeitsverteilung von ξ.*

Besitzt ξ eine stetige Wahrscheinlichkeitsverteilung, so folgt aus der obigen Definition für jede Zahl x die Gleichung

$$\mathsf{P}\{\xi = x\} = 0.$$

Ist $p_\xi(x)$ bei x stetig, so ergibt sich außerdem die Beziehung

$$\mathsf{P}\{\xi \in dx\} = p_\xi(x)\,dx + o(dx).$$

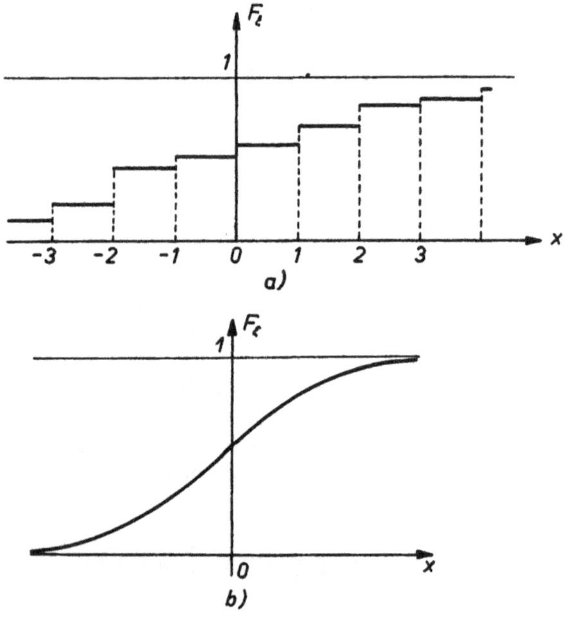

Abb. 4. a) Das graphische Bild der Verteilungsfunktion $F_\xi(x)$ einer Zufallsgröße ξ, die nur die ganzen Zahlen $x = \ldots, -3, -2, \ldots, 2, 3, \ldots$ annehmen kann. Die Sprünge der Funktion $F_\xi(x)$ in den ganzzahligen Punkten $x = -3, -2, \ldots, 2, 3, \ldots$ sind der Größe nach gleich den entsprechenden Wahrscheinlichkeiten $P_\xi(x)$; b) das graphische Bild einer stetigen Verteilungsfunktion. Jede stetige, monoton wachsende Funktion $F_\xi(x)$ mit $\lim\limits_{x \to -\infty} F_\xi(x) = 0$ und $\lim\limits_{x \to +\infty} F_\xi(x) = 1$ kann die Verteilungsfunktion einer gewissen Zufallsgröße ξ sein.

Hierbei ist $\{\xi \in dx\}$ das Ereignis, daß die Zufallsgröße ξ einen Wert aus dem kleinen Intervall der Länge dx mit dem Mittelpunkt x annimmt. Bei $o(dx)$ handelt es sich um eine Funktion von dx, die von höherer Ordnung klein ist als dx, genauer, für die $\lim_{dx \to 0} \frac{o(dx)}{dx} = 0$ gilt.

Die durch

$$F_\xi(x) = \mathsf{P}\{\xi \leqq x\} \quad (-\infty < x < \infty) \tag{4.6}$$

definierte Funktion $F_\xi(x)$ heißt *Verteilungsfunktion der Zufallsgröße* ξ. Die Verteilungsfunktion einer diskreten Zufallsgröße ist treppenförmig und nimmt endlich oder abzählbar unendlich viele verschiedene Werte an. Es gilt

$$F_\xi(x) = \sum_{-\infty}^{x} P_\xi(y).$$

(Abbildung 4a zeigt die graphische Darstellung einer solchen Funktion.)

Für eine stetig verteilte Zufallsgröße ξ ist die Dichte $p_\xi(x)$ die Ableitung der Verteilungsfunktion $F_\xi(x)$, genauer:

$$F_\xi(x) = \int_{-\infty}^{x} p_\xi(y)\, dy.$$

(Eine Verteilungsfunktion solchen Typs ist in Abbildung 4b dargestellt.)

Die Gleichung

$$\mathsf{P}\{x' < \xi \leqq x''\} = F_\xi(x'') - F_\xi(x') \tag{4.7}$$

gilt sowohl für diskret als auch für stetig verteilte Zufallsgrößen ξ.

Die gemeinsame Wahrscheinlichkeitsverteilung zweier Zufallsgrößen

Es seien ξ_1 und ξ_2 zwei Zufallsgrößen. Das Paar $\xi = (\xi_1, \xi_2)$ bezeichnet man als *zufälligen Vektor*.

Sind ξ_1 und ξ_2 diskret, so betrachtet man die Wahrscheinlichkeiten

$$P_{\xi_1,\xi_2}(x_1, x_2) = \mathsf{P}\{\xi_1 = x_1, \xi_2 = x_2\},$$

wobei x_1 bzw. x_2 alle möglichen Werte der Zufallsgrößen ξ_1 bzw. ξ_2 annehmen. Die Wahrscheinlichkeit von Ereignissen der Form $\{(\xi_1, \xi_2) \in B\}$, „Der zufällige Vektor (ξ_1, ξ_2) fällt in das Gebiet B“, wird durch die Gleichung

$$\mathsf{P}\{(\xi_1, \xi_2) \in B\} = \sum_{(x_1, x_2)\in B}\sum P_{\xi_1,\xi_2}(x_1, x_2) \tag{4.8}$$

definiert. (Die Summation erstreckt sich über alle möglichen Werte x_1 und x_2 der entsprechenden Zufallsgrößen ξ_1 und ξ_2, für die der zugeordnete Punkt (x_1, x_2) im Gebiet B liegt.)

Als *Dichte der gemeinsamen Wahrscheinlichkeitsverteilung* zweier stetig verteilter Zufallsgrößen ξ_1 und ξ_2 bezeichnet man eine Funktion $p_{\xi_1,\xi_2}(x_1, x_2)$ von zwei Veränderlichen x_1 und x_2 mit der Eigenschaft, daß sich die Wahrscheinlichkeit jedes Ereignisses der Form $\{(\xi_1, \xi_2) \in B\}$ durch die Gleichung

$$\mathsf{P}\{(\xi_1, \xi_2) \in B\} = \iint_B p_{\xi_1,\xi_2}(x_1, x_2)\, dx_1\, dx_2 \tag{4.9}$$

berechnen läßt. (Die Integration erfolgt über das Gebiet B.)

Es seien ξ_k $(k = 1, 2, \ldots)$ irgendwelche Zufallsgrößen. Man nennt sie *unabhängig*, falls für beliebige Zahlen x_k' und x_k'' die Ereignisse $\{x_k' \leqq \xi_k \leqq x_k''\}$ $(k = 1, 2, \ldots)$ vollständig unabhängig sind.

Es seien $\xi_1, \xi_2, \ldots$ unabhängige Zufallsgrößen, die wir in mehrere Gruppen

$$(\xi_{i_1}, \xi_{i_2}, \ldots), (\xi_{j_1}, \xi_{j_2}, \ldots), \ldots$$

einteilen. Jede der Zufallsgrößen $\xi_1, \xi_2, \ldots$ sei nur in einer Gruppe enthalten. Ist die Zufallsgröße ξ_k $(k = 1,$

2, ...) eine Funktion der Zufallsgrößen der k-ten Gruppe, so sind $\eta_1, \eta_2, \ldots$ ebenfalls unabhängig.

Die Unabhängigkeit diskreter Zufallsgrößen ξ_1 und ξ_2 bedeutet, daß ihre gemeinsame Wahrscheinlichkeitsverteilung für alle möglichen x_1 und x_2 der Gleichung

$$P_{\xi_1,\xi_2}(x_1, x_2) = P_{\xi_1}(x_1)P_{\xi_2}(x_2) \tag{4.10}$$

genügt.

Zwei stetig verteilte Zufallsgrößen ξ_1 und ξ_2 sind genau dann unabhängig, wenn für die entsprechenden Dichten $p_{\xi_1}(x_1)$, $p_{\xi_2}(x_2)$ und $p_{\xi_1,\xi_2}(x_1, x_2)$ die Beziehung

$$p_{\xi_1,\xi_2}(x_1, x_2) = p_{\xi_1}(x_1)\, p_{\xi_2}(x_2) \tag{4.11}$$

gilt.

Beispiel (Die gleichmäßige Verteilung): In das Intervall $[a, b]$ wird auf gut Glück ein Punkt geworfen. Die Stelle, an der er zu liegen kommt, habe die Koordinate ξ. Es sei (x', x'') ein beliebiges Intervall innerhalb von $[a, b]$. Für die Wurfbedingungen gelte, daß ξ mit einer Wahrscheinlichkeit in (x', x'') liegt, die proportional zur Länge $x'' - x'$ dieses Intervalles ist. Den Proportionalitätsfaktor ermittelt man aus der Gleichung $\mathsf{P}\{a \leqq \xi \leqq b\} = 1$. Es gilt

$$\mathsf{P}\{x' \leqq \xi \leqq x''\} = \frac{x'' - x'}{b - a} = \int_{x'}^{x''} \frac{dx}{b - a}.$$

Folglich ist die Zufallsgröße ξ stetig verteilt, und ihre Wahrscheinlichkeitsverteilung besitzt die Dichte $p(x)$, definiert durch

$$p(x) = \begin{cases} \dfrac{1}{b - a} & \text{für } a \leqq x \leqq b, \\ 0 & \text{für } x < a,\ x > b. \end{cases}$$

Beispiel: In ein Intervall der Länge L werden auf gut Glück und unabhängig voneinander zwei Punkte geworfen. Es seien ξ_1 bzw. ξ_2 die Koordinaten der Stellen, auf die der erste bzw. der zweite fallen. Wie groß ist die Wahrscheinlichkeit dafür, daß der Abstand zwischen den Punkten höchstens gleich l ($l \leqq L$) ist?

Um diese Frage zu beantworten, betrachten wir folgendes Modell. Der erste Punkt wird auf das Intervall $(0, L)$ der x_1-Achse und der zweite auf das Intervall $(0, L)$ der x_2-Achse geworfen. Die gesuchte Wahrscheinlichkeit ist gleich der Wahrscheinlichkeit dafür, daß der Punkt $\xi = (\xi_1, \xi_2)$, der auf zufällige Weise im Quadrat $0 \leqq x_1, x_2 \leqq L$ plaziert wird, in das von den Geraden $x_2 = l + x_1$ und $x_2 = -l + x_1$ eingeschlossene Gebiet B aller Punkte (x_1, x_2) mit $|x_1 - x_2| \leqq l$ fällt (vgl. Abbildung 5, B ist der nicht schraffierte Bereich). Die Versuchsbedingungen mögen so beschaffen sein, daß die Zufallsgrößen ξ_1 und ξ_2 unabhängig sind, und jede auf dem Intervall $(0, L)$ gleichmäßig verteilt ist, d. h. die Dichte

$$p(x) = \begin{cases} \dfrac{1}{L} & \text{für } 0 \leqq x \leqq L, \\ 0 & \text{für } x < 0,\ x > L \end{cases}$$

besitzt.

Für die unabhängigen Zufallsgrößen ξ_1 und ξ_2 bestimmt man die Dichte ihrer gemeinsamen Verteilung mit Hilfe der Formel (4.11):

$$p_{\xi_1,\xi_2}(x_1, x_2) = \begin{cases} \dfrac{1}{L^2} & \text{für } 0 \leqq x_1, x_2 \leqq L, \\ 0 & \text{sonst.} \end{cases}$$

Daraus erhält man für die Wahrscheinlichkeit, daß der zufällige Punkt $\xi = (\xi_1, \xi_2)$ in das Gebiet B fällt,

$$\mathsf{P}\{(\xi_1, \xi_2) \in B\} = \iint\limits_B \frac{dx_1\, dx_2}{L^2} = \frac{2\, Ll - l^2}{L^2},$$

wobei $2\, Ll - l^2$ der Flächeninhalt von B ist.

Beispiel: In einer Ebene seien parallele Geraden mit dem Abstand L gezeichnet. Auf diese Ebene lassen wir eine Nadel, d. h. eine Strecke der Länge l ($l \leqq L$), fallen. Wie groß ist die Wahrscheinlichkeit dafür, daß die Nadel eine der parallelen Linien schneidet?

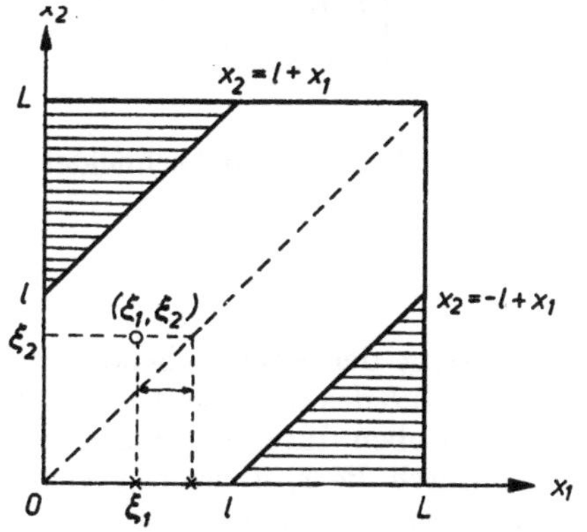

Abb. 5

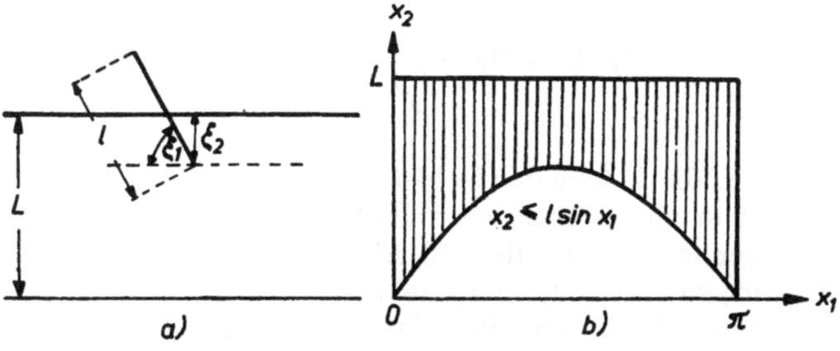

Abb. 6

Mit ξ_1 bezeichnen wir den Winkel, den die Nadel zur Richtung der parallelen Geraden einnimmt, und mit ξ_2 den Abstand ihrer unteren Spitze von der nächsten oberen Geraden (vgl. Abbildung 6a). Die Versuchsbedingungen seien derart, daß die Zufallsgrößen ξ_1 bzw. ξ_2 gleichmäßig auf den Intervallen $[0, \pi]$ bzw. $[0, L]$ verteilt sind. Außerdem seien ξ_1 und ξ_2 unabhängig. Unter diesen Voraussetzungen ist die Dichte $p_{\xi_1,\xi_2}(x_1, x_2)$ ihrer gemeinsamen Wahrscheinlichkeitsverteilung durch

$$p_{\xi_1,\xi_2}(x_1, x_2) = \begin{cases} \dfrac{1}{\pi L} & \text{für } 0 \leqq x_1 \leqq \pi,\ 0 \leqq x_2 \leqq L, \\ 0 & \text{sonst} \end{cases}$$

gegeben.

Das Ereignis A, „Die Nadel schneidet eine der Linien", tritt genau dann ein, wenn

$$\xi_2 \leqq l \sin \xi_1$$

gilt, d. h., wenn der entsprechende Punkt $\xi = (\xi_1, \xi_2)$ in das Teilgebiet B des Rechtecks $0 \leqq x_1 \leqq \pi$, $0 \leqq x_2 \leqq L$ fällt, das nach oben durch die Kurve $x_2 = l \sin x_1$ und nach unten durch die x_1-Achse begrenzt wird (Abbildung 6b). Mittels Formel (4.9) ergibt sich

$$\mathsf{P}\{(\xi_1, \xi_2) \in B\} = \iint\limits_B \frac{dx_1\, dx_2}{\pi L} = \frac{2l}{\pi L},$$

wobei $2l$ die Fläche des Gebietes B ist.

Sind in einem konkreten Fall ξ_1 und ξ_2 auf den entsprechenden Intervallen $[0, \pi]$ und $[0, L]$ gleichmäßig verteilt, so kann man entscheiden, ob ξ_1 und ξ_2 unabhängig sind. Ist nämlich die relative Häufigkeit des Ereignisses A, „Die Nadel schneidet eine der Linien", annähernd gleich dem berechneten Wert $\frac{2l}{\pi L}$, so wird man annehmen können, daß alle Voraussetzungen, insbesondere die Unabhängigkeit von ξ_1 und ξ_2, erfüllt sind. Wenn man andererseits weiß, daß ξ_1 und ξ_2 unabhängig sind und die angegebenen Wahrscheinlichkeitsverteilungen besitzen, so kann man bei großer Wurfanzahl annehmen, daß die relative Häufigkeit $\frac{n(A)}{n}$ des Ereignisses A etwa gleich $\frac{2l}{\pi L}$ ist. Daraus läßt sich die Zahl $\pi = 3{,}14\ldots$ mit großer Genauigkeit bestimmen.

Beispiel: Es seien ξ_1 und ξ_2 unabhängige, stetig verteilte Zufallsgrößen mit den entsprechenden Dichten $p_{\xi_1}(x_1)$ und $p_{\xi_2}(x_2)$. Gesucht ist die Wahrscheinlichkeitsverteilung der Zufallsgröße

$$\eta = \xi_1 + \xi_2.$$

Die Dichte der gemeinsamen Verteilung von ξ_1 und ξ_2 ist gleich dem Produkt $p_{\xi_1}(x_1)\, p_{\xi_2}(x_2)$, so daß wegen Formel (4.9) folgende Gleichungen gelten:

$$\mathsf{P}\{y' \leqq \eta \leqq y''\} = \iint\limits_{y' \leqq x_1 + x_2 \leqq y''} p_{\xi_1}(x_1)\, p_{\xi_2}(x_2)\, dx_1\, dx_2$$

$$= \int\limits_{y'}^{y''} \left[\int\limits_{-\infty}^{\infty} p_{\xi_1}(y - x)\, p_{\xi_2}(x)\, dx\right] dy.$$

Daraus folgt, daß die Zufallsgröße η stetig verteilt ist und die Dichte

$$p_\eta(y) = \int\limits_{-\infty}^{\infty} p_{\xi_1}(y - x)\, p_{\xi_2}(x)\, dx \quad (-\infty < y < +\infty)$$

besitzt. Die Funktion p_η heißt *Faltung der Funktionen* p_{ξ_1} *und* p_{ξ_2}.

Wenn beispielsweise ξ_1 und ξ_2 auf dem Intervall [0, 1] gleichmäßig verteilt sind, beide also die Dichte p mit

$$p(x) = \begin{cases} 1 & \text{für } 0 \leqq x \leqq 1, \\ 0 & \text{für } x < 0, \quad x > 1 \end{cases}$$

besitzen, dann gilt

$$p_\eta(y) = \begin{cases} \int\limits_0^y dx = y & \text{für } 0 \leqq y \leqq 1, \\ \int\limits_{y-1}^1 dx = 2 - y & \text{für } 1 \leqq y \leqq 2. \end{cases}$$

Die graphische Darstellung von p_η hat die Form eines Dreiecks (vgl. Abbildung 7).

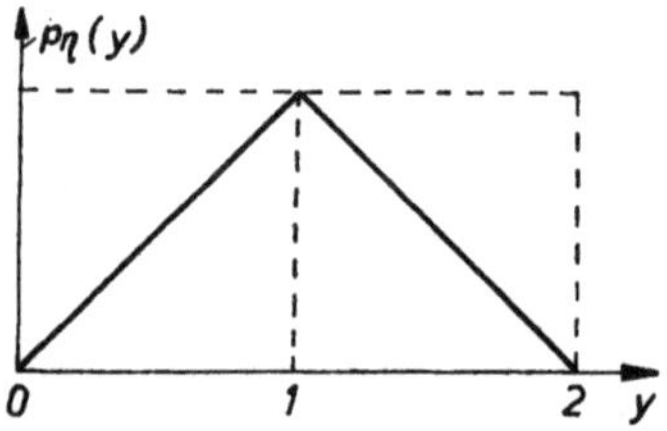

Abb. 7

4.3. Es sei ξ eine diskrete Zufallsgröße. Man sagt, ξ besitze einen Erwartungswert, wenn die Ungleichung

$$\sum_{-\infty}^{\infty} |x| \; \mathsf{P}\{\xi = x\} < \infty$$

erfüllt ist. Als *Erwartungswert* $\mathsf{M}\xi$ von ξ (mitunter auch *Mittelwert* genannt) definiert man die Summe

$$\mathsf{M}\xi = \sum_{-\infty}^{\infty} x \mathsf{P}\{\xi = x\}, \tag{4.12}$$

wobei sich die Summation über alle reellen Zahlen x erstreckt, die die Zufallsgröße ξ annehmen kann.

Ist die Wahrscheinlichkeitsverteilung von ξ gegeben, und ist φ eine auf den reellen Zahlen definierte reellwertige Funktion, so kann der Erwartungswert der

Zufallsgröße $\eta = \varphi(\xi)$ mit Hilfe der Formel

$$\mathsf{M}\varphi(\xi) = \sum_{-\infty}^{\infty} \varphi(x)\, P_\xi(x) \tag{4.13}$$

berechnet werden.

Die diskrete Zufallsgröße $\eta = \varphi(\xi)$ nimmt nämlich nur solche Werte $y = \varphi(x)$ an, für die x ein möglicher Wert von ξ ist. Außerdem gilt

$$\mathsf{P}\{\eta = y\} = \sum_{x:\varphi(x)=y} P_\xi(x),$$

woraus sich

$$\mathsf{M}\eta = \sum_{-\infty}^{\infty} y\, \mathsf{P}\{\eta = y\} = \sum_{-\infty}^{\infty} y \sum_{x:\varphi(x)=y} P_\xi(x) = \sum_{-\infty}^{\infty} \varphi(x) P_\xi(x)$$

ergibt.

Ist φ eine reellwertige Funktion von zwei reellen Variablen, so läßt sich der Erwartungswert der Zufallsgröße $\varphi(\xi_1, \xi_2)$ analog durch die Gleichung

$$\mathsf{M}\varphi(\xi_1, \xi_2) = \sum_{-\infty}^{\infty} \sum_{-\infty}^{\infty} \varphi(x_1, x_2)\, P_{\xi_1,\xi_2}(x_1, x_2) \tag{4.14}$$

bestimmen. Dabei wird die gemeinsame Wahrscheinlichkeitsverteilung von ξ_1 und ξ_2 als bekannt vorausgesetzt.

Erwartungswerte besitzen folgende Eigenschaften, die sich aus der Definition (4.12) leicht herleiten lassen. Nimmt die Zufallsgröße ξ mit Wahrscheinlichkeit 1 den Wert 1 an, so gilt

$$\mathsf{M}\xi = 1.$$

Ist ξ eine beliebige diskrete Zufallsgröße, deren Erwartungswert existiert, und c irgendeine reelle Zahl, so folgt

$$\mathsf{M}(c\xi) = c\mathsf{M}\xi.$$

Für diskret verteilte Zufallsgrößen ξ_1 und ξ_2, deren Erwartungswerte $\mathsf{M}\xi_1$ und $\mathsf{M}\xi_2$ existieren, gilt

$$\mathsf{M}(\xi_1 + \xi_2) = \mathsf{M}\xi_1 + \mathsf{M}\xi_2. \tag{4.15}$$

Kann ξ nur nichtnegative Zahlen annehmen, so ist der Erwartungswert $\mathsf{M}\xi$ ebenfalls nichtnegativ. Ist für alle Elementarausgänge ω die Ungleichung $\xi_1(\omega) \leqq \xi_2(\omega)$ erfüllt, so erhält man

$$\mathsf{M}\xi_1 \leqq \mathsf{M}\xi_2. \tag{4.16}$$

Für unabhängige Zufallsgrößen ξ_1 und ξ_2 gilt

$$\mathsf{M}(\xi_1\xi_2) = \mathsf{M}\xi_1\,\mathsf{M}\xi_2. \tag{4.17}$$

Die in (4.15) bis (4.17) angegebenen Beziehungen folgen aus Formel (4.14). Definieren wir beispielsweise mit Hilfe der unabhängigen Zufallsgrößen ξ_1 und ξ_2 eine Funktion φ durch $\varphi(\xi_1, \xi_2) = \xi_1\xi_2$, so erhalten wir

$$\begin{aligned} \mathsf{M}(\xi_1\xi_2) &= \sum_{-\infty}^{\infty}\sum_{-\infty}^{\infty} x_1 x_2 P_{\xi_1}(x_1)\,P_{\xi_2}(x_2) \\ &= \sum_{-\infty}^{\infty} x_1 P_{\xi_1}(x_1) \sum_{-\infty}^{\infty} x_2 P_{\xi_2}(x_2) = \mathsf{M}\xi_1\,\mathsf{M}\xi_2. \end{aligned}$$

Den Begriff des Erwartungswertes kann man auch auf **stetige Zufallsgrößen** ausdehnen. Wir benutzen dazu die Tatsache, daß sich jede stetig verteilte Zufallsgröße ξ beliebig genau durch diskrete Zufallsgrößen approximieren läßt.

Es sei ε_n $(n = 1, 2, \ldots)$ eine Folge positiver Zahlen, die gegen 0 konvergiert. Für jedes n zerlegen wir die reelle Achse durch Punkte x_{kn} (k durchläuft alle ganzen Zahlen) in Intervalle, deren Längen den Wert ε_n nicht überschreiten sollen. Es gilt also

$$\sup |x_{kn} - x_{k-1,n}| \leqq \varepsilon_n.$$

Nun definieren wir diskrete Zufallsgrößen ξ_n. Wir setzen $\xi_n(\omega) = x_{kn}$ für alle ω mit $x_{k-1,n} < \xi(\omega) \leqq x_{kn}$. Auf Grund dieser Definition gilt für alle $\omega \in \Omega$

$$|\xi(\omega) - \xi_n(\omega)| \leqq \varepsilon_n .$$

Insbesondere ergibt sich für alle natürlichen Zahlen m, n und alle $\omega \in \Omega$

$$|\xi_m(\omega) - \xi_n(\omega)| \leqq |\xi_m(\omega) - \xi(\omega)| + |\xi_n(\omega) - \xi(\omega)| \leqq (\varepsilon_m + \varepsilon_n) .$$

Existieren die Erwartungswerte der Zufallsgrößen ξ_n $(n = 1, 2, \ldots)$, so folgt mittels (4.16)

$$|\mathsf{M}\xi_m - \mathsf{M}\xi_n| \leqq \mathsf{M}\,|\xi_m - \xi_n| \leqq (\varepsilon_m + \varepsilon_n) \to 0$$

für $m, n \to \infty$. In diesem Fall existiert der Grenzwert

$$\lim_{n\to\infty} \mathsf{M}\xi_n ,$$

den man als *Erwartungswert* (oder auch *Mittelwert*) der stetig verteilten Zufallsgröße ξ bezeichnet:

$$\mathsf{M}\xi = \lim_{n\to\infty} \sum_{-\infty}^{\infty} x_{kn} \mathsf{P}\{x_{k-1,n} < \xi \leqq x_{kn}\} .$$

Ist p_ξ die Dichte der Wahrscheinlichkeitsverteilung von ξ, und sind die x_{kn} Stetigkeitspunkte von p_ξ, so erhält man

$$\sum_{-\infty}^{\infty} x_{kn} \mathsf{P}\{x_{k-1,n} < \xi \leqq x_{kn}\} = \sum_{-\infty}^{\infty} x_{kn} \int_{x_{k-1,n}}^{x_{kn}} p_\xi(x)\,dx \sim \sum_{-\infty}^{\infty} x_{kn} p_\xi(x_{kn})\,(x_{kn} - x_{k-1,n}) .$$

Daraus ergibt sich

$$\mathsf{M}\xi = \int_{-\infty}^{\infty} x p_\xi(x)\,dx \tag{4.18}$$

[vgl. Formel (4.13) für $\varphi(x) \equiv x$].

Man kann zeigen[1]), daß auch die Erwartungswerte stetig verteilter Zufallsgrößen ξ, ξ_1 und ξ_2, falls sie existieren, die Eigenschaften (4.15) bis (4.17) besitzen, und ξ die Gleichung $\mathsf{M}(c\xi) = c\mathsf{M}\xi$ für jede Zahl c erfüllt. Die Erwartungswerte von Zufallsgrößen der Form $\eta = \varphi(\xi)$ bzw. $\eta = \varphi(\xi_1, \xi_2)$ können ähnlich wie in (4.13) und (4.14) berechnet werden:

$$\mathsf{M}\eta(\xi) = \int_{-\infty}^{\infty} \varphi(x)\, p_\xi(x)\,dx \tag{4.19}$$

bzw.

$$\mathsf{M}\varphi(\xi_1, \xi_2) = \int_{-\infty}^{\infty}\int_{-\infty}^{\infty} \varphi(x_1, x_2)\, p_{\xi_1,\xi_2}(x_1, x_2)\,dx_1\,dx_2, \tag{4.20}$$

wobei $p_{\xi_1,\xi_2}(x_1, x_2)$ die Dichte der gemeinsamen Verteilung der Zufallsgrößen ξ_1 und ξ_2 ist.

Beispiel: Es sei ξ eine auf dem Intervall $[a, b]$ gleichmäßig verteilte Zufallsgröße, d. h., sie sei stetig verteilt und besitze die Dichte

$$p(x) = \begin{cases} \dfrac{1}{b-a} & \text{für } a \leqq x \leqq b, \\ 0 & \text{für } x < a,\ x > b. \end{cases}$$

Der Erwartungswert von ξ ergibt sich zu

$$\mathsf{M}\xi = \int_a^b x \frac{dx}{b-a} = \frac{a+b}{2}.$$

---

[1]) Vgl. z. B. B. W. Gnedenko, Lehrbuch der Wahrscheinlichkeitstheorie, 5. Aufl., Berlin 1968.

Wir betrachten jetzt eine komplexe Zufallsgröße $\eta = \eta_1 + i\,\eta_2$ (η_1 bzw. η_2 bezeichnet man als Real- bzw. Imaginärteil von η). Der Erwartungswert $\mathsf{M}\eta$ wird durch die Gleichung

$$\mathsf{M}\eta = \mathsf{M}\eta_1 + i\,\mathsf{M}\eta_2 \qquad (4.21)$$

definiert.

Es seien ξ eine reelle Zufallsgröße und φ eine auf der reellen Achse definierte komplexwertige Funktion. Für die komplexe Zufallsgröße $\eta = \varphi(\xi)$ gelten ebenfalls die Formeln (4.13) bzw. (4.19). Analog sind die Gleichungen (4.14) bzw. (4.20) auch für die Zufallsgröße $\eta = \varphi(\xi_1, \xi_2)$ gültig, wenn man ξ_1 und ξ_2 als reelle Zufallsgrößen und φ als eine komplexwertige Funktion zweier reeller Veränderlicher voraussetzt. Außerdem bleiben für komplexe Zufallsgrößen noch weitere Eigenschaften der Erwartungswerte erhalten. Zum Beispiel gilt für unabhängige Zufallsgrößen ξ_1 und ξ_2 eine verallgemeinerte Form von (4.17):

$$\mathsf{M}\,[\varphi_1(\xi_1)\,\varphi_2(\xi_2)] = \mathsf{M}\varphi_1(\xi_1)\,\mathsf{M}\varphi_2(\xi_2). \qquad (4.22)$$

Dabei sind $\varphi_1(\xi_1)$ und $\varphi_2(\xi_2)$ gewisse komplexwertige Funktionen von ξ_1 und ξ_2.

5. Quadratische Mittelwerte und die Ungleichung von Tschebyschew, Korrelationskoeffizient, Gesetz der großen Zahlen, Wahrscheinlichkeit und Häufigkeit

5.1. Existiert für eine Zufallsgröße ξ der Erwartungswert $\mathsf{M}\xi^2$ von ξ^2, so bezeichnet man diesen als *quadratischen Mittelwert* von ξ.[1]) Ist ξ diskret verteilt, so erhält man

$$\mathsf{M}\xi^2 = \sum_{-\infty}^{\infty} x^2 P_\xi(x).$$

[1]) Von allen in diesem Abschnitt betrachteten Zufallsgrößen wird vorausgesetzt, daß ihr quadratischer Mittelwert existiert. (Anm. des Bearbeiters.)

Ist ξ dagegen stetig verteilt, so ergibt sich

$$\mathsf{M}\xi^2 = \int_{-\infty}^{\infty} x^2 p_\xi(x)\, dx.$$

Eine Anwendung dieses neuen Begriffes finden wir in der folgenden sogenannten TSCHEBYSCHEW*schen Ungleichung*: Ist ξ eine Zufallsgröße und ε eine beliebige positive Zahl, so gilt

$$\mathsf{P}\{\,|\xi| > \varepsilon\} \leqq \frac{1}{\varepsilon^2}\mathsf{M}\xi^2. \qquad (5.0)$$

Der Beweis ist sehr einfach und beruht auf der Ungleichung (4.16). Wir definieren durch die Vorschrift

$$\xi_1(\omega) = \begin{cases} 0 & \text{für alle } \omega \text{ mit } |\xi(\omega)| \leqq \varepsilon, \\ \varepsilon^2 & \text{für alle } \omega \text{ mit } |\xi(\omega)| > \varepsilon \end{cases}$$

eine neue Zufallsgröße ξ_1, für die offensichtlich stets $\xi_1 \leqq \xi^2$ erfüllt ist. Mittels (4.16) erhält man

$$\mathsf{M}\xi^2 \geqq \mathsf{M}\xi_1 = \varepsilon^2 \mathsf{P}\{\,|\xi| > \varepsilon\}.$$

Diese Beziehung ist mit der Ungleichung (5.0) äquivalent.

Die TSCHEBYSCHEWsche Ungleichung läßt sich wie folgt interpretieren. Es sei δ eine positive Zahl mit $\delta < 1$. Wir nehmen an, δ sei so klein, daß man die Möglichkeit des Eintretens des Ereignisses $\{|\xi| > \varepsilon\}$ vernachlässigen kann, wenn seine Wahrscheinlichkeit höchstens gleich δ ist. Falls der quadratische Mittelwert $\mathsf{M}\xi^2$ im Vergleich zu ε^2 klein ist, genauer, falls $\mathsf{M}\xi^2/\varepsilon^2 \leqq \delta$ gilt, so besagt die TSCHEBYSCHEWsche Ungleichung, daß die Zufallsgröße ξ praktisch nur Werte annimmt, die dem Absolutbetrag nach nicht größer als ε sind. Insbesondere ergibt sich für den Fall $\mathsf{M}\xi^2 = 0$ aus (5.0), daß ξ mit Wahrscheinlichkeit 1 gleich 0 ist.

Es sei ξ eine Zufallsgröße und a der Erwartungswert von ξ: $a = \mathsf{M}\xi$. Unter der *Streuung* $\mathsf{D}\xi$ der Zufallsgröße ξ versteht man den quadratischen Mittelwert $\mathsf{M}(\xi - a)^2$ der Zufallsgröße $\xi - a$. Es folgen nun einige einfache Eigenschaften der Streuungen von Zufallsgrößen.

Wegen $\mathsf{M}(\xi - a)^2 = \mathsf{M}\xi^2 - 2a\mathsf{M}\xi + a^2 = \mathsf{M}\xi^2 - a^2$ gilt die Formel

$$\mathsf{D}\xi = \mathsf{M}\xi^2 - a^2. \tag{5.1}$$

Für jede beliebige Zahl c erhält man

$$\mathsf{D}(c\xi) = c^2\mathsf{D}\xi. \tag{5.2}$$

Nimmt eine Zufallsgröße η mit Wahrscheinlichkeit 1 den konstanten Wert 1 an, so gilt

$$\mathsf{D}\eta = 0.$$

Sind ξ_1 und ξ_2 unabhängige Zufallsgrößen, so kann die Streuung ihrer Summe aus

$$\mathsf{D}(\xi_1 + \xi_2) = \mathsf{D}\xi_1 + \mathsf{D}\xi_2 \tag{5.3}$$

berechnet werden.

Wir wollen die letzte Behauptung beweisen. Mit den Definitionen $a_1 = \mathsf{M}\xi_1$ und $a_2 = \mathsf{M}\xi_2$ erhalten wir gemäß (4.17) die Gleichung

$$\mathsf{M}(\xi_1 - a_1)(\xi_2 - a_2) = \mathsf{M}(\xi_1 - a_1)\mathsf{M}(\xi_2 - a_2) = 0.$$

Damit folgt

$$\begin{aligned}\mathsf{D}(\xi_1 + \xi_2) &= \mathsf{M}(\xi_1 + \xi_2 - a_1 - a_2)^2 \\ &= \mathsf{M}(\xi_1 - a_1)^2 + 2\mathsf{M}(\xi_1 - a_1)(\xi_2 - a_2) \\ &\quad + \mathsf{M}(\xi_2 - a_2)^2 \\ &= \mathsf{M}(\xi_1 - a_1)^2 + \mathsf{M}(\xi_2 - a_2)^2 = \mathsf{D}\xi_1 + \mathsf{D}\xi_2.\end{aligned}$$

Es seien ξ_1 und ξ_2 zwei Zufallsgrößen, die nicht unabhängig zu sein brauchen. Wir stellen uns die folgende Aufgabe: Wie sind reelle Zahlen $\hat{c}_1$ und $\hat{c}_2$ zu wählen, damit die Summe $\hat{c}_1 + \hat{c}_2\xi_2$ eine möglichst gute Näherung für ξ_1 darstellt? Unter möglichst guter Näherung wollen wir verstehen, daß die Streuung der Zufallsgröße $\xi_1 - \hat{c}_1 - \hat{c}_2\xi_2$ minimal wird:

$$\mathsf{M}(\xi_1 - \hat{c}_1 - \hat{c}_2\xi_2)^2 = \min_{c_1, c_2} \mathsf{M}(\xi_1 - c_1 - c_2\xi_2)^2. \tag{5.4}$$

Wir definieren eine den Zufallsgrößen ξ_1 und ξ_2 zugeordnete Zahl r durch

$$r = \frac{\mathsf{M}(\xi_1 - a_1)(\xi_2 - a_2)}{\sigma_1\sigma_2} \tag{5.5}$$

mit

$$a_1 = \mathsf{M}\xi_1, \; \sigma_1^2 = \mathsf{D}\xi_1 \quad \text{und} \quad a_2 = \mathsf{M}\xi_2, \; \sigma_2^2 = \mathsf{D}\xi_2.$$

Führen wir die (sogenannten normierten) Zufallsgrößen

$$\eta_1 = \frac{\xi_1 - a_1}{\sigma_1} \quad \text{und} \quad \eta_2 = \frac{\xi_2 - a_2}{\sigma_2}$$

ein, so gilt, wie man durch einfache Rechnung leicht bestätigt,

$$\mathsf{M}(\xi_1 - c_1 - c_2\xi_2)^2 = \sigma_1^2\mathsf{M}(\eta_1 - c_1' - c_2'\eta_2)^2$$

mit

$$c_1' = \frac{c_1 + a_2c_2 - a_1}{\sigma_1}, \qquad c_2' = \frac{\sigma_2}{\sigma_1}c_2,$$

und folglich ergibt sich

$$\min_{c_1, c_2} \mathsf{M}(\xi_1 - c_1 - c_2\xi_2)^2 = \sigma_1^2 \min_{c_1', c_2'} \mathsf{M}(\eta_1 - c_1' - c_2'\eta_2)^2.$$

Wir erhalten

$$\mathsf{M}\eta_1 = \mathsf{M}\eta_2 = 0, \quad \mathsf{M}\eta_1^2 = \mathsf{M}\eta_2^2 = 1, \quad \mathsf{M}\eta_1\eta_2 = r,$$

$$\mathsf{M}(\eta_1 - r\eta_2)\,\eta_2 = \mathsf{M}\eta_1\eta_2 - r\mathsf{M}\eta_2^2 = 0,$$

$$\mathsf{M}(\eta_1 - r\eta_2)^2 = \mathsf{M}\eta_1^2 - 2r\mathsf{M}\eta_1\eta_2 + r^2\mathsf{M}\eta_2^2 = 1 - r^2$$

und für beliebige Konstanten c_1' und c_2'

$$\begin{aligned}\mathsf{M}(\eta_1 - c_1' - c_2'\eta_2)^2 &= \mathsf{M}[(\eta_1 - r\eta_2) - c_1' + (r - c_2')\eta_2]^2 \\ &= (1 - r^2) + c_1'^2 + (r - c_2')^2.\end{aligned}$$

Der Ausdruck $\mathsf{M}(\eta_1 - c_1' - c_2'\eta_2)^2$ wird demnach für $c_1' = 0$ und $c_2' = r$ minimal:

$$\min_{c_1', c_2'} \mathsf{M}(\eta_1 - c_1' - c_2'\eta_2)^2 = 1 - r^2. \tag{5.6}$$

Auf Grund der Definition von η_1 und η_2 folgt

$$\eta_1 - r\eta_2 = \frac{1}{\sigma_1}\left[\xi_1 - a_1 - r\frac{\sigma_1}{\sigma_2}(\xi_2 - a_2)\right],$$

und für die gesuchte Linearkombination $\hat{c}_1 + \hat{c}_2\xi_2$ aus (5.4) ergibt sich die Gleichung

$$\hat{c}_1 + \hat{c}_2\xi_2 = a_1 + r\frac{\sigma_1}{\sigma_2}(\xi_2 - a_2). \tag{5.7}$$

Hierbei sind a_1 bzw. a_2 die Erwartungswerte der Zufallsgrößen ξ_1 bzw. ξ_2, σ_1^2 bzw. σ_2^2 ihre Streuungen, und die durch Gleichung (5.5) definierte Konstante r ist der *Korrelationskoeffizient* dieser Zufallsgrößen.

Der Korrelationskoeffizient r ist das einfachste Maß für die Abhängigkeit der Zufallsgrößen ξ_1 und ξ_2. Sind ξ_1 und ξ_2 unabhängig, so gilt wegen (4.17)

$$r = \frac{\mathsf{M}(\xi_1 - a_1)(\xi_2 - a_2)}{\sigma_1\sigma_2} = \frac{\mathsf{M}(\xi_1 - a_1)\,\mathsf{M}(\xi_2 - a_2)}{\sigma_1\sigma_2} = 0.$$

Wie aus Formel (5.6) erkennbar ist, genügt der Korrelationskoeffizient r stets den Ungleichungen

$$-1 \leqq r \leqq 1. \tag{5.8}$$

Für

$$r = -1 \quad \text{bzw.} \quad r = 1 \tag{5.9}$$

ist die Zufallsgröße ξ_1 eine Linearkombination der Form

$$\xi_1 = \hat{c}_1 + \hat{c}_2 \xi_2. \tag{5.10}$$

Die Beziehung (5.6) führt nämlich für $r = 1$ bzw. $r = -1$ zu der Gleichung

$$\mathsf{M}(\xi_1 - c_1 - c_2\xi_2)^2 = \sigma_1^2(1 - r^2) = 0.$$

Folglich gilt mit Wahrscheinlichkeit eins $\xi_1 - \hat{c}_1 - \hat{c}_2\xi_2 = 0$.

5.2. Es seien $\xi_1, \xi_2, \ldots, \xi_n$ unabhängige Zufallsgrößen, die alle die gleiche Wahrscheinlichkeitsverteilung besitzen mögen. Insbesondere haben sie ein und denselben Erwartungswert $a = \mathsf{M}\xi_k$ und die gleichen Streuungen $\mathsf{D}\xi_k = \sigma^2$ ($k = 1, \ldots, n$). Wir bilden das arithmetische Mittel

$$\eta_n = \frac{1}{n}(\xi_1 + \cdots + \xi_n)$$

dieser Zufallsgrößen und erhalten für die neue Zufallsgröße η_n

$$\mathsf{M}\eta_n = \frac{1}{n}\sum_{k=1}^{n} \mathsf{M}\xi_k = a, \quad \mathsf{D}\eta_n = \frac{1}{n^2}\sum_{k=1}^{n} \mathsf{D}\xi_k = \frac{\sigma^2}{n}.$$

Unter Verwendung der Ungleichung von Tschebyschew folgt für beliebige positive Zahlen ε die Beziehung

$$\mathsf{P}\{|\eta_n - a| > \varepsilon\} \leqq \frac{1}{\varepsilon^2}\mathsf{M}(\eta_n - a)^2 = \frac{\sigma^2}{\varepsilon^2}\cdot\frac{1}{n}.$$

Wählt man beliebige positive Zahlen δ und ε, und ist n eine genügend große natürliche Zahl $\left(n > \frac{\sigma^2}{\varepsilon^2} \cdot \frac{1}{\delta}\right)$, so ergibt sich aus dieser Ungleichung, daß das arithmetische Mittel η_n der Zufallsgrößen $\xi_1, \ldots, \xi_n$ mit einer Wahrscheinlichkeit, die nicht kleiner als $1 - \delta$ ist, den Bedingungen

$$a - \varepsilon \leqq \frac{1}{n}(\xi_1 + \cdots + \xi_n) \leqq a + \varepsilon \tag{5.11}$$

genügt.

Dieser Sachverhalt wird als *Gesetz der großen Zahlen* bezeichnet. Angenommen, die Zahlen ε und δ sind so klein, daß man die Möglichkeit des Eintretens von Ereignissen, deren Wahrscheinlichkeit nicht größer als δ ist, nicht zu berücksichtigen braucht und Zufallsgrößen, deren Werte sich um höchstens ε unterscheiden, als gleich ansehen kann. Das Gesetz der großen Zahlen besagt dann, daß die Zufallsgröße $\eta_n = \frac{1}{n}(\xi_1 + \cdots + \xi_n)$ bei genügend großem n praktisch gleich dem Erwartungswert $a = \mathsf{M}\xi_k$ ist.

Wir nehmen an, es werde eine Reihe gleichartiger und voneinander unabhängiger Versuche durchgeführt. In jedem dieser Versuche wird beobachtet, ob ein gewisses Ereignis A eintritt oder nicht. Es seien n die Gesamtanzahl der Versuche und $n(A)$ die Anzahl derjenigen, in denen das Ereignis A eintritt. Die Größe $\frac{n(A)}{n}$ ist die relative Häufigkeit von A in der betrachteten Versuchsreihe. Dem k-ten Versuch wird eine Zufallsgröße ξ_k zugeordnet, die durch

$$\xi_k = \begin{cases} 1, & \text{wenn } A \text{ eintritt,} \\ 0, & \text{wenn } A \text{ nicht eintritt,} \end{cases}$$

definiert ist.

Weil die Versuche voneinander unabhängig durchgeführt werden, sind auch die Zufallsgrößen $\xi_1, \ldots, \xi_n$ unabhängig. Sie besitzen alle die gleiche Wahrscheinlichkeitsverteilung:

$$\mathsf{P}\{\xi_k = 1\} = p, \qquad \mathsf{P}\{\xi_k = 0\} = 1 - p$$

mit $p = \mathsf{P}(A)$. Es gilt

$$n(A) = \sum_{k=1}^{n} \xi_k,$$

und folglich stimmt die relative Häufigkeit des Ereignisses A mit dem arithmetischen Mittel

$$\frac{n(A)}{n} = \frac{1}{n}(\xi_1 + \cdots + \xi_n)$$

überein. Der Erwartungswert $a = \mathsf{M}\xi_k$ ist gleich der Wahrscheinlichkeit des Ereignisses A:

$$a = \mathsf{P}(A).$$

Nach dem Gesetz der großen Zahlen kann man bei genügend großer Versuchsanzahl n damit rechnen, daß die relative Häufigkeit $\frac{n(A)}{n}$ des Ereignisses A praktisch mit seiner Wahrscheinlichkeit übereinstimmt. Genauer gilt die folgende Aussage: Sind $\varepsilon > 0$ und $\delta > 0$ zwei Zahlen, die beliebig klein sein können, und ist n hinreichend groß, so wird sich die relative Häufigkeit $\frac{n(A)}{n}$ mit einer Wahrscheinlichkeit, die nicht kleiner als $1 - \delta$ ist, um höchstens ε von der Wahrscheinlichkeit $\mathsf{P}(A)$ unterscheiden:

$$\mathsf{P}(A) - \varepsilon \leqq \frac{n(A)}{n} \leqq \mathsf{P}(A) + \varepsilon \tag{5.12}$$

(vgl. Abschnitt 1.1).

Weiterhin sei bemerkt[1]), daß für $n \to \infty$ mit Wahrscheinlichkeit 1 der Grenzwert $\lim\limits_{n\to\infty} \frac{n(A)}{n}$ existiert und gleich der Wahrscheinlichkeit $\mathsf{P}(A)$ ist.

6. Das Bernoullische Schema, die Binomialverteilung und die Poissonsche Verteilung, der Satz von Moivre-Laplace, die Normalverteilung

6.1. Eine Versuchsreihe heißt ein BERNOULLI*sches Schema*, wenn alle Versuche gleichartig sind, unabhängig voneinander durchgeführt werden und jedesmal nur beobachtet wird, ob ein bestimmtes Ereignis A, dessen Wahrscheinlichkeit $p = \mathsf{P}(A)$ in allen Versuchen gleich ist, eingetreten ist oder nicht. Wird das Ereignis A in einem Versuch verwirklicht, so spricht man in diesem Zusammenhang von einem erfolgreichen Versuch oder kurz von einem Erfolg. Tritt dagegen das komplementäre Ereignis $\bar{A}$ ein (es besitzt die Wahrscheinlichkeit $q = 1 - p$), so sagt man, der Versuch sei nicht erfolgreich.

Eine Versuchsreihe vom Umfang n kann als ein Experiment aufgefaßt werden. Jeder Elementarausgang ω dieses Experimentes läßt sich durch eine Folge von n Zahlen, Nullen bzw. Einsen [z. B. (1, 1, 0, 1, 0, 0, ..., 1)] beschreiben. Dabei steht an der i-ten Stelle eine Eins, wenn der i-te Versuch erfolgreich war, andernfalls eine Null. Die Wahrscheinlichkeit $\mathsf{P}(\omega)$ eines bestimmten Elementarausganges ω, der aus k erfolgreichen und $n - k$ nicht erfolgreichen Versuchen besteht, ist wegen der Un-

---

[1]) Vgl. z. B. B. W. GNEDENKO, Lehrbuch der Wahrscheinlichkeitstheorie, 5. Aufl., Berlin 1968.

abhängigkeit der einzelnen Versuche gleich

$$\mathsf{P}(\omega) = p^k q^{n-k}.$$

Die Elementarausgänge sind also für $p \neq q$ nicht alle gleichwahrscheinlich.

Wir betrachten irgendein BERNOULLIsches Schema mit n Versuchen. Die Anzahl der Erfolge bei diesen n Versuchen ist eine Zufallsgröße, die wir mit ξ bezeichnen wollen. Es gilt also $\xi(\omega) = k$, wenn beim Elementarausgang ω genau k Versuche erfolgreich sind. Wir wollen die Wahrscheinlichkeitsverteilung von ξ berechnen. Weil jedem ω eine Folge von n Nullen und Einsen entspricht, ist die Anzahl der verschiedenen Elementarausgänge ω, bei denen k Versuche erfolgreich sind, gleich der Zahl der verschiedenen Kombinationen, die man aus k Einsen und $n-k$ Nullen bilden kann, und damit (vgl. Abschnitt 1.2) gleich der Anzahl der Möglichkeiten, aus n unterschiedlichen Elementen k auszuwählen, also gleich $C_n^k = \frac{n!}{k!(n-k)!}$. Alle diese Ausgänge ω haben ein und dieselbe Wahrscheinlichkeit $\mathsf{P}(\omega) = p^k q^{n-k}$, so daß das Ereignis $\{\xi = k\}$ die Wahrscheinlichkeit $\mathsf{P}\{\xi = k\} = C_n^k p^k q^{n-k}$ besitzt. Die Verteilung der Zufallsgröße ξ hat deshalb die Form

$$P_\xi(k) = C_n^k p^k q^{n-k} \quad (k = 0, \ldots, n). \tag{6.0}$$

Es handelt sich um eine sogenannte *Binomialverteilung*. Sie wird durch zwei Parameter bestimmt: die Wahrscheinlichkeit p, daß ein einzelner Versuch erfolgreich ist, und die Anzahl n der Versuche.

Wir wollen nun einige Eigenschaften der Zufallsgröße ξ angeben. Zuerst sei vermerkt, daß man ξ als Summe von n unabhängigen Zufallsgrößen $\xi_1, \ldots, \xi_n$ auffassen kann, die folgendermaßen definiert sind: ξ_k nimmt den Wert 1 an, wenn der k-te Versuch erfolgreich ist, andernfalls gilt $\xi_k = 0$. Aus dieser Definition ergibt sich

$$\xi = \xi_1 + \cdots + \xi_n. \tag{6.1}$$

Es gelten die Gleichungen

$$\mathsf{M}\xi_k = p, \quad \mathsf{D}\xi_k = \mathsf{M}\xi_k^2 - (\mathsf{M}\xi_k)^2 = p - p^2$$
$$= p(1-p) = pq.$$

Daraus erhalten wir für den Erwartungswert und die Streuung der Zufallsgröße ξ:

$$\mathsf{M}\xi = np, \qquad \mathsf{D}\xi = npq. \tag{6.2}$$

Ist die Wahrscheinlichkeit p klein, so wird verhältnismäßig selten ein erfolgreicher Versuch vorkommen. Für genügend großes n ist jedoch die mittlere Anzahl np von erfolgreichen Versuchen in einer Reihe vom Umfang n auch bei kleinem p nicht unbedeutend. In diesem Fall gelten für die in (6.0) angegebenen Wahrscheinlichkeiten $P_\xi(k)$ die Beziehungen

$$P_\xi(k) \sim \frac{a^k}{k!} e^{-a} \qquad (k = 0, 1, \ldots). \tag{6.3}$$

Dabei ist $a = np$ die mittlere Anzahl der Erfolge und $e = 2{,}78\ldots$ die Basis der natürlichen Logarithmen.

Zum Beweis benutzen wir die aus der Analysis bekannte Grenzwertbeziehung

$$\lim_{n\to\infty}\left(1 - \frac{a}{n}\right)^n = e^{-a},$$

die für jede Zahl a gilt. Wegen $p = \frac{a}{n}$ erhalten wir aus Formel (6.0)

$$P_\xi(0) = q^n = \left(1 - \frac{a}{n}\right)^n \sim e^{-a}$$

und

$$\frac{P_\xi(k)}{P_\xi(k-1)} = \frac{np - (k-1)p}{kq} \sim \frac{a}{k} \qquad (k = 1, 2, \ldots)$$

(für $n \to \infty$). Es folgt

$$P_\xi(1) \sim \frac{a}{1} P_\xi(0) \sim \frac{a}{1} e^{-a},$$

$$P_\xi(2) \sim \frac{a}{2} P_\xi(1) \sim \frac{a^2}{1 \cdot 2} e^{-a},$$

. . . .

$$P_\xi(k) \sim \frac{a}{k} P_\xi(k-1) \sim \frac{a^k}{k!} e^{-a}.$$

Daraus ergeben sich die Näherungsformeln (6.3).

Man sagt, eine Zufallsgröße ξ, die nur die ganzzahligen Werte 0, 1, 2, ... annehmen kann, besitze eine POISSON*sche Verteilung*, wenn für die Wahrscheinlichkeiten $P_\xi(k)$ die Gleichungen

$$P_\xi(k) = \frac{a^k}{k!} e^{-a} \quad (k = 0, 1, \ldots) \tag{6.4}$$

gelten.

Jede POISSONsche Verteilung wird durch einen einzigen nichtnegativen Parameter a eindeutig bestimmt. Dieser Parameter ist gleich dem Erwartungswert $\mathsf{M}\xi$ der betreffenden Zufallsgröße ξ:

$$a = \sum_0^\infty k P_\xi(k) = \mathsf{M}\xi. \tag{6.5}$$

Zum Beweis dieser Gleichung verwenden wir die Zerlegung $e^x = \sum_{k=0}^\infty \frac{x^k}{k!}$, die für alle Zahlen x gültig ist. Wir erhalten

$$\mathsf{M}\xi = \sum_0^\infty k P_\xi(k) = \sum_0^\infty k \frac{a^k}{k!} e^{-a} = a e^{-a} \sum_1^\infty \frac{a^{k-1}}{(k-1)!} = a.$$

Die Näherungsformel (6.3) zeigt, daß bei großen Werten von n und kleinen Werten von p die Zufallsgröße ξ, die die Anzahl der Erfolge bei einem BERNOULLIschen Schema mit n Versuchen und der Erfolgswahrscheinlichkeit p angibt, annähernd eine POISSONsche Verteilung mit dem Parameter $a = np$ besitzt.

Beispiel (Eine Aufgabe über Lotterielose): Wie oft muß man Lotterie spielen, damit die Wahrscheinlichkeit für (mindestens) einen Gewinn nicht kleiner als eine vorgegebene Zahl P ist?

Angenommen, ein Lotterieunternehmen verkauft in jeder Spielzeit N Lose, von denen M gewinnen. Die Wahrscheinlichkeit dafür, daß ein auf gut Glück gewähltes Los gewinnt, ist dann gleich $\frac{M}{N}$. Erwirbt man in jeder Spielzeit ein Los und spielt n-mal mit, so kann man den Kauf eines Loses als einen Versuch aus einer Reihe von n unabhängigen, gleichartigen Versuchen, also aus einem BERNOULLIschen Schema, ansehen. Wir bezeichnen einen Versuch als erfolgreich, wenn das entsprechende Los gewinnt. Die Wahrscheinlichkeit p dafür, daß ein einzelner Versuch erfolgreich ist, ergibt sich zu $p = \frac{M}{N}$. Setzt man voraus, daß die Zahl p klein ist, was gewöhnlich zutrifft, und die Zahl P einen verhältnismäßig großen Wert besitzt, dann ist anschaulich klar, daß man sehr oft spielen muß, damit man mit einer Wahrscheinlichkeit, die größer als P ist, einmal gewinnt. Nach den obigen Ausführungen hat die (zufällige) Anzahl der Gewinne bei n Versuchen annähernd eine POISSONsche Verteilung. Die Wahrscheinlichkeit dafür, daß man in n Spielzeiten genau k Gewinne erzielt, ist also ungefähr

$$P(k) \approx \frac{a^k}{k!} e^{-a} \qquad \text{mit} \qquad a = n \frac{M}{N}.$$

Die Wahrscheinlichkeit dafür, daß man mindestens einmal gewinnt, ergibt sich zu $1 - P(0) \approx 1 - e^{-a}$. Die gesuchte Zahl n ist demnach die kleinste natürliche Zahl, für die

$$e^{-a} \leqq 1 - P$$

gilt.

Eine Aufgabe über Rosinenbrötchen

Aus einem Teig mit der Masse V, in dem sich eine gewisse Anzahl Rosinen, sagen wir n Stück, befindet, sollen Brötchen gebacken werden. Der Teig wird zu diesem Zweck mehrmals sorgfältig durchgeknetet und danach in gleiche Teile der Masse v zerlegt, die zu je einem Brötchen verarbeitet wird. Ihre Anzahl ist gleich $N = \frac{V}{v}$. Im Mittel entfallen auf jedes Brötchen $a = n\frac{v}{V}$ Rosinen; die tatsächliche Anzahl der Rosinen in den verschiedenen Brötchen wird jedoch unterschiedlich sein. Wir greifen aufs Geratewohl eines der fertigen Brötchen heraus und fragen nach der Wahrscheinlichkeit dafür, daß sich in diesem mindestens eine Rosine befindet.

Zur Berechnung dieser Wahrscheinlichkeit benutzen wir das BERNOULLIsche Schema. Man kann annehmen, daß die Menge der Rosinen im Vergleich zur Menge des Teiges klein ist, so daß sich bei wiederholtem Durchkneten des Teiges die Rosinen gegenseitig nicht beeinflussen und beim späteren Zerlegen des Teiges unabhängig voneinander in die einzelnen Teile gelangen.

Wir registrieren bei jeder Rosine, ob sie in dem von uns ausgewählten Brötchen enthalten ist oder nicht. Diese Untersuchungen kann man als Versuche ansehen, wobei uns interessiert, ob das Ereignis „Die entsprechende Rosine befindet sich im herausgegriffenen Brötchen" eingetreten ist oder nicht. Das betrachtete Ereignis hat in jedem Versuch die Wahrscheinlichkeit $\frac{1}{N} = \frac{v}{V}$, da eine Rosine auf Grund des sorgfältigen Knetens mit gleicher Chance in N verschiedene Brötchen gelangen kann. Insgesamt gibt es n Rosinen und somit auch n Versuche. Weil sich die Rosinen beim Kneten nicht gegenseitig beeinflussen, handelt es sich um n unabhängige Versuche. Wir haben es also mit einem BERNOULLIschen Schema zu tun. Die Wahrscheinlichkeit $p = \frac{1}{N}$, daß ein einzelner Versuch erfolgreich ist, wird, wenn sehr viele Brötchen gebacken werden, relativ klein sein. Andererseits sei die Zahl n der im Teig befindlichen Rosinen groß. Nach den obigen Ausführungen zum BERNOULLIschen Schema ist die Anzahl der erfolgreichen Versuche, in unserem Fall also die Zahl der Rosinen, die in dem herausgegriffenen Brötchen enthalten sind, eine Zufallsgröße mit einer POISSONschen Verteilung. Die Wahrscheinlichkeit $P(k)$ dafür, daß in dem Brötchen k Rosinen enthalten sind, beträgt somit

$$P(k) \approx \frac{a^k}{k!} e^{-a},$$

wobei $a = np = n \frac{v}{V}$ die mittlere Anzahl der Rosinen ist, die in einem Brötchen eingebacken sind.

Die Wahrscheinlichkeit dafür, daß sich in einem willkürlich herausgegriffenen Brötchen mindestens eine Rosine befindet, ist

$$P = 1 - P(0) \approx 1 - e^{-a}.$$

Modell eines radioaktiven Zerfalls

Das chemische Element Radium (Ra) geht im Laufe der Zeit durch radioaktiven Zerfall in das Element Radon (Rn) über. Jeder zerfallende Atomkern des Radiums sendet ein sogenanntes α-Teilchen (das ist der Kern eines

Heliumatomes) aus. Wir wollen im folgenden einige Gesetzmäßigkeiten, die bei der Umwandlung von Radium auftreten, näher untersuchen.

Der Abstand zwischen den Atomen ist verhältnismäßig groß, und man kann deshalb annehmen, daß der Zerfall jedes einzelnen Radiumatoms völlig unabhängig vom Zustand der anderen Atome vor sich geht. Vorausgesetzt sei ferner, daß ein Radiumatom in einem Zeitintervall der Länge t mit einer Wahrscheinlichkeit $p(t)$ zerfällt, die nur von t abhängt. Wenn anfangs n Radiumatome vorhanden sind (ein Gramm Radium enthält ungefähr 10^{22} Atome), so ist die mittlere Anzahl der α-Teilchen, die während der Zeit t ausgesandt werden, gleich $a(t) = n\,p(t)$. Aus zahlreichen Experimenten weiß man, daß dieser Wert $a(t)$ für $t = 1$ Sekunde und $n \approx 10^{22}$ in der Größenordnung 10^{10} liegt, so daß die Wahrscheinlichkeit $p(t)$ sehr klein ist (für $t = 1$ Sekunde hat $p(t)$ einen Wert in der Größenordnung 10^{-12}).

Unter einem Versuch wollen wir in diesem Zusammenhang die Beobachtung eines bestimmten Radiumatoms in einem Zeitintervall der Länge $t = 1$ Sekunde verstehen. Haben wir ein Gramm Radium vor uns, so laufen also während der Zeit t etwa $n = 10^{22}$ Versuche ab. Weil sich alle Radiumatome gleichen und unabhängig voneinander verhalten, kann man den Vorgang des Zerfalls durch das Bernoullische Schema beschreiben. Ein Versuch heißt erfolgreich, wenn das entsprechende Atom während der betrachteten Zeit t zerfällt. Die Wahrscheinlichkeit p dafür, daß ein einzelner Versuch erfolgreich verläuft, hat, wie bereits erwähnt, etwa den Wert 10^{-12}. Weil n sehr groß und p sehr klein ist, besitzt die Zufallsgröße $\xi(t)$, die die Anzahl der während der Zeit t ausgesandten α-Teilchen angibt, annähernd eine Poissonsche Verteilung mit dem Parameter $a = np$:

$$\mathsf{P}\{\xi(t) = k\} = \frac{a^k}{k!} e^{-a} \qquad (k = 0, 1, \ldots).$$

In diesem Beispiel diente das Bernoullische Schema als Hilfsmittel zum Auffinden der Wahrscheinlichkeitsverteilung einer Zufallsgröße $\xi(t)$ (es handelte sich hier um eine Poissonsche Verteilung). Auf die charakteristischen Eigenschaften der Poissonschen Verteilung kommen wir später (vgl. Abschnitt 7.1) noch einmal zurück.

6.2. Im vorangegangenen Abschnitt wurde gezeigt, daß die Zufallsgröße ξ, die die Anzahl der Erfolge in einem Bernoullischen Schema mit n Versuchen angibt, die Summe von n unabhängigen Zufallsgrößen $\xi_1, \ldots, \xi_n$ ist (siehe Formel (6.1)). Wir führen durch

$$S_n = \sum_{k=1}^{n} \xi_k$$

eine neue Bezeichnung ein. Für die Zufallsgröße S_n ergibt sich

$$\mathsf{M} S_n = np \quad \text{und} \quad \mathsf{D} S_n = npq.$$

Außerdem setzen wir

$$S_n^* = \frac{S_n - \mathsf{M} S_n}{\mathsf{D} S_n}. \tag{6.6}$$

Für S_n^* gilt die folgende Aussage, die als *Grenzwertsatz von* Moivre-Laplace bezeichnet wird:

$$\lim_{n\to\infty} \mathsf{P}\{x_1 \leqq S_n^* \leqq x_2\} = \frac{1}{\sqrt{2\pi}} \int_{x_1}^{x_2} e^{-\frac{x^2}{2}}\, dx. \tag{6.7}$$

Die in dieser Gleichung auftretende stetige Wahrscheinlichkeitsverteilung mit der Dichte

$$p(x) = \frac{1}{\sqrt{2\pi}} e^{-\frac{x^2}{2}} \tag{6.8}$$

heißt *Normalverteilung* oder GAUSS*sche Verteilung*. Die graphische Darstellung der Dichtefunktion $p(x)$ dieser Wahrscheinlichkeitsverteilung ist glockenförmig (Abbildung 8a).

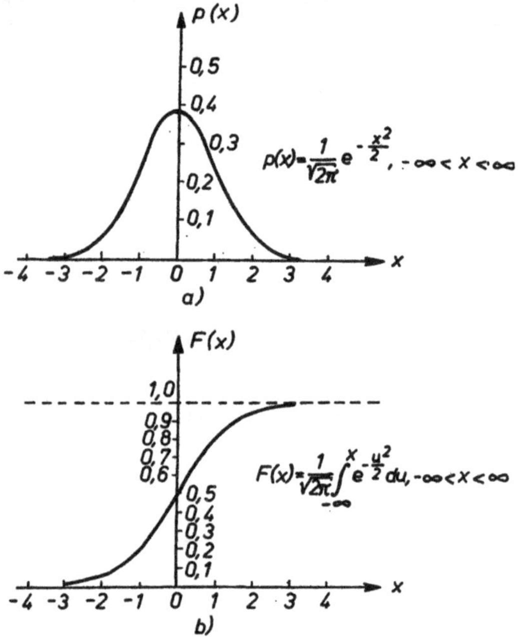

Abb. 8

Für die Verteilungsfunktion

$$F(x) = \frac{1}{\sqrt{2\pi}} \int_{-\infty}^{x} e^{-\frac{u^2}{2}}\, du \tag{6.9}$$

der Normalverteilung existieren Tabellen[1]). Abbildung 8b zeigt die graphische Darstellung dieser Funktion.

[1]) Vgl. z. B. D. B. OWEN, Handbook of statistical tables, Palo Alto/London 1962.

Wir wollen den Satz von MOIVRE-LAPLACE beweisen. Die normierte Zufallsgröße S_n^* kann nur die Werte

$$x = \frac{k - np}{\sqrt{npq}} \quad (k = 0, 1, \ldots, n)$$

annehmen. Diese zerlegen das Intervall $\left[\frac{-np}{\sqrt{npq}}, \frac{nq}{\sqrt{npq}}\right]$ in Abschnitte der gleichen Länge

$$\Delta x = \frac{1}{\sqrt{npq}}.$$

Dabei gilt

$$\mathsf{P}\{S_n^* = x\} = P_n(k) = \frac{n!}{k!\,(n-k)!}\,p^k q^{n-k} \; (k = 0, 1, \ldots, n).$$

Wächst n unbegrenzt, so gilt

$$k = np + \sqrt{npq}\,x \to \infty$$

und

$$n - k = nq - \sqrt{npq}\cdot x \to \infty.$$

gleichmäßig bezüglich x mit $x_1 \leqq x \leqq x_2$. Unter Verwendung der STIRLINGschen Formel erhalten wir

$$P_n(k) \sim \frac{\sqrt{2\pi n}\, n^n\, e^{-n}}{\sqrt{2\pi k}\, k^k e^{-k} \sqrt{2\pi\,(n-k)}\,(n-k)^{n-k} e^{-(n-k)}}$$

$$= \frac{1}{\sqrt{2\pi}} \sqrt{\frac{n}{k(n-k)}} \left(\frac{np}{k}\right)^k \left(\frac{nq}{n-k}\right)^{n-k}.$$

Weiterhin gilt

$$\frac{k}{np} = 1 + \sqrt{\frac{q}{np}}\,x, \quad \frac{n-k}{nq} = 1 - \sqrt{\frac{p}{nq}}\,x,$$

und unter Ausnutzung der Zerlegung

$$\ln(1+\alpha_n) \sim \alpha_n - \frac{1}{2}\alpha_n^2$$

(für $\alpha_n \to 0$) folgt

$$\ln\left(\frac{k}{np}\right)^{-k} = -k \ln\left(1+\sqrt{\frac{q}{np}}\,x\right)$$

$$\sim -\left(np + \sqrt{npq}\,x\right)\left[\sqrt{\frac{q}{np}}\,x - \frac{1}{2}\frac{q}{np}x^2\right],$$

$$\ln\left(\frac{n-k}{nq}\right)^{-(n-k)} = -(n-k)\ln\left(1-\sqrt{\frac{p}{nq}}\,x\right)$$

$$\sim -\left(nq - \sqrt{npq}\,x\right)\left[-\sqrt{\frac{p}{nq}}\,x - \frac{1}{2}\frac{p}{nq}x^2\right].$$

Das Zusammenfassen dieser beiden Ausdrücke führt zu der Beziehung

$$\lim_{n\to\infty} \ln\left[\left(\frac{np}{k}\right)^k \left(\frac{nq}{n-k}\right)^{n-k}\right] = -\frac{1}{2}x^2$$

und schließlich zu der Gleichung

$$\lim_{n\to\infty} \left(\frac{np}{k}\right)^k \left(\frac{nq}{n-k}\right)^{n-k} = e^{-x^2/2},$$

die gleichmäßig bezüglich x mit $x_1 \leqq x \leqq x_2$ gilt.

Unter Berücksichtigung von

$$\sqrt{\frac{n}{k(n-k)}} \sim \sqrt{\frac{n}{np\,nq}} = \frac{1}{\sqrt{npq}}$$

erhalten wir die Beziehung

$$\mathsf{P}\{S_n^* = x\} \sim \frac{1}{\sqrt{2\pi}} e^{-x^2/2}\,\Delta x, \quad \Delta x = \frac{1}{\sqrt{npq}},$$

die gleichmäßig für alle $x = \frac{k - np}{\sqrt{npq}}$ mit $x_1 \leqq x \leqq x_2$ erfüllt ist. Es folgt

$$\mathsf{P}\{x_1 \leqq S_n^* \leqq x_2\} = \sum_{x_1 \leqq x \leqq x_2} \mathsf{P}\{S_n^* = x\} \sim \sum_{x_1 \leqq x \leqq x_2} \frac{1}{\sqrt{2\pi}} e^{-x^2/2} \Delta x,$$

woraus sich leicht die Gleichung (6.7) ergibt. Damit ist der Satz bewiesen.

Der Brownsche Bewegungsprozeß

Ein in einer homogenen Flüssigkeit schwebendes winziges Teilchen führt infolge sehr häufiger, völlig regelloser Zusammenstöße mit den Molekülen der Flüssigkeit eine stetige, ungeordnete Bewegung aus, die als Brown*sche Bewegung* bezeichnet wird.

Zur Beschreibung dieses Bewegungsprozesses kann das folgende diskrete Modell einer Irrfahrt dienen. Ein Teilchen ändere seine Lage nur zu den festen Zeitpunkten $k \cdot \Delta t$ ($\Delta t > 0$, $k = 1, 2, \ldots$). Befindet es sich am Ort x, so gehe es, unabhängig von seinem bisherigen Verhalten, mit gleicher Wahrscheinlichkeit zu einem der benachbarten Punkte $x + \Delta x$ oder $x - \Delta x$ über, wobei die Verschiebung Δx nicht von x abhängen soll. (Wir befassen uns nur mit einer Koordinate des Teilchens, oder anders ausgedrückt, mit einer eindimensionalen Irrfahrt.) Im Grenzfall, wenn Δt und Δx gegen Null streben, ergibt sich das Modell einer Irrfahrt mit stetiger Zeit, das dem eingangs beschriebenen Prozeß angepaßt ist.

Mit $\xi(t)$ bezeichnen wir die Koordinate eines Teilchens, das eine diskrete eindimensionale Irrfahrt ausführt, zur Zeit t. Für $t = 0$ gelte $\xi(t) = 0$. Während der Zeit t ändert das Teilchen $n = \frac{t}{\Delta t}$ -mal seine Lage. Ebensooft verändert auch $\xi(t)$ seinen Wert, und zwar wollen wir annehmen, daß diese Änderung jedesmal um die Größe

$\Delta x > 0$ entweder in positiver oder in negativer Richtung erfolgt. Die Anzahl der Schritte in positiver Richtung hängt vom Zufall ab; wir wollen sie mit S_n bezeichnen. Die Gesamtbewegung in positiver Richtung ist dann $S_n \cdot \Delta x$ und die in negativer Richtung $(n - S_n)\Delta x$. Die tatsächliche Verschiebung $\xi(t)$ des Teilchens während der Zeit $t = n\Delta t$ in Richtung der betrachteten Koordinate steht mit der Zufallsgröße S_n in folgender Beziehung:

$$\xi(t) = S_n\Delta x - (n - S_n)\,\Delta x = (2S_n - n)\,\Delta x.$$

Wegen $\xi(0) = 0$ gilt für beliebige Zeitpunkte $s = k\Delta t$ und $t = n\Delta t$ mit $k \leqq n$ und $k, n = 1, 2, \ldots$ die Gleichung

$$\xi(t) = [\xi(s) - \xi(0)] + [\xi(t) - \xi(s)].$$

Im beschriebenen Irrfahrtsmodell sind die Zufallsgrößen $\xi(s) - \xi(0)$ und $\xi(t) - \xi(s)$ unabhängig, weil das Verhalten des Teilchens während der Zeit von s bis t nicht vom Verhalten vor dem Zeitpunkt s beeinflußt wird. Ferner stimmt die Wahrscheinlichkeitsverteilung der Differenz $\xi(t) - \xi(s)$ mit der von $\xi(t - s) - \xi(0)$ überein. Diese Eigenschaften von $\xi(t)$ ergeben für die Streuung $\sigma^2(t) = \mathsf{D}\xi(t)$ die Gleichung

$$\sigma^2(t) = \sigma^2(s) + \sigma^2(t - s)$$

$$(s = k\Delta t, \quad t = n\Delta t, \quad 0 \leqq k \leqq n).$$

Weil $\xi(0) = 0$ mit Wahrscheinlichkeit 1 gilt, folgt hieraus

$$\mathsf{D}\xi(t) = \sigma^2 t \qquad (t = n\Delta t),$$

wobei σ^2 eine gewisse Konstante ist, die man *Diffusionskoeffizient* nennt. Andererseits kann man sich leicht überlegen, daß für die Streuung von $\xi(t)$ im diskreten Modell die Gleichung $\mathsf{D}\xi(t) = (\Delta x)^2 n = (\Delta x)^2 \dfrac{t}{\Delta t}$ gilt. Daraus erhalten wir die folgende Beziehung zwischen Δx und Δt:

$$\frac{(\Delta x)^2}{\Delta t} = \sigma^2.$$

Die von dem Teilchen zu den Zeitpunkten $k\Delta t$ $(k = 1, \ldots, n)$ ausgeführten Lageänderungen hängen nach Voraussetzung nicht voneinander ab. Man kann sie deshalb als Versuche in einem BERNOULLIschen Schema ansehen. Ein derartiger Versuch heiße erfolgreich, wenn sich das Teilchen in positiver Richtung bewegt. Die Wahrscheinlichkeit dafür, daß ein Versuch erfolgreich ist, hat den Wert 1/2. Die Zufallsgröße S_n, die die Anzahl der Übergänge in positiver Richtung angibt, ist also gleich der Anzahl der Erfolge in einem BERNOULLIschen Schema mit n Versuchen. Zum Zeitpunkt $t = n\Delta t$ hängt die Lage $\xi(t)$ des Teilchens in folgender Weise mit der normierten Zufallsgröße $S_n^* = \dfrac{1}{\sqrt{n}}(2S_n - n)$ zusammen:

$$\xi(t) = S_n^* \sqrt{n}\, \Delta x = S_n^* \sqrt{t}\, \frac{x}{\sqrt{\Delta t}} = S_n^* \sigma \sqrt{t}\,.$$

Der BROWNsche Bewegungsprozeß ergibt sich durch den Grenzübergang $n \to \infty$. Aus dem Grenzwertsatz von MOIVRE-LAPLACE (vgl. Formel (6.7)) erhalten wir die Verteilung von $\xi(t)$ für den Fall der BROWNschen Bewegung:

$$\mathsf{P}\left\{x_1 \leqq \frac{\xi(t)}{\sigma\sqrt{t}} \leqq x_2\right\}$$

$$= \lim_{\Delta t \to 0} \mathsf{P}\{x_1 \leqq S_n^* \leqq x_2\} = \frac{1}{\sqrt{2\pi}} \int_{x_1}^{x_2} e^{-x^2/2}\, dx\,.$$

7. Erzeugende und charakteristische Funktionen, Grenzwertsätze

7.1. Es sei ξ eine Zufallsgröße, die die Werte 0, 1, 2, ... mit den entsprechenden Wahrscheinlichkeiten

$$P_\xi(k) = \mathsf{P}\{\xi = k\} \qquad (k = 0, 1, \ldots)$$

annimmt.

Die Funktion $F_\xi(z)$, definiert durch

$$F_\xi(z) = \sum_{k=0}^{\infty} P_\xi(k)\, z^k \qquad (z \text{ komplex}, |z| \leqq 1), \qquad (7.0)$$

wird *erzeugende Funktion* der Zufallsgröße ξ oder der zugehörigen Wahrscheinlichkeitsverteilung $P_\xi(k)$ $(k = 0, 1, \ldots)$ genannt.

$F_\xi(z)$ ist eine analytische Funktion von z. Die Formel (7.0) gibt ihre Darstellung in einer Potenzreihe an. Eine solche Darstellung ist eindeutig. Deshalb ist die Wahrscheinlichkeitsverteilung der Zufallsgröße ξ bereits durch ihre erzeugende Funktion $F_\xi(z)$ bestimmt; insbesondere gilt auf Grund der TAYLOR-Formel

$$P_\xi(k) = \frac{1}{k!} F_\xi^{(k)}(0) \qquad (k = 0, 1, \ldots).$$

Wegen (4.13) stimmt die erzeugende Funktion $F_\xi(z)$ bei festem z mit dem Erwartungswert der Zufallsgröße $\varphi(\xi) = z^\xi$ überein:

$$F_\xi(z) = \mathsf{M} z^\xi \qquad (|z| \leqq 1). \qquad (7.1)$$

Beispiel (Die POISSONsche Verteilung): Die Zufallsgröße ξ möge eine POISSONsche Verteilung mit dem Parameter a besitzen:

$$P_\xi(k) = \frac{a^k}{k!} e^{-a} \qquad (k = 0, 1, \ldots).$$

Dann gilt für ihre erzeugende Funktion $F_\xi(z)$ die Gleichung

$$F_\xi(z) = \sum_{k=0}^{\infty} z^k \frac{a^k}{k!} e^{-a} = e^{-a} \sum_{k=0}^{\infty} \frac{(az)^k}{k!} = e^{a(z-1)}. \quad (7.2)$$

Es sei ξ eine Zufallsgröße, die nur nichtnegative ganze Zahlen annehmen kann. Sie besitze den Erwartungswert $a = \mathsf{M}\xi$ und die Streuung $\sigma^2 = \mathsf{D}\xi$. Bilden wir formal die Ableitungen $\frac{dF_\xi}{dz} = \mathsf{M}\frac{d}{dz}z^\xi$ und $\frac{d^2F_\xi}{dz^2} = \mathsf{M}\frac{d^2}{dz^2}z^\xi$ $(|z| \leqq 1)$, so erhalten wir

$$a = F_\xi'(1), \quad \sigma^2 = F_\xi''(1) + F_\xi'(1) - [F_\xi'(1)]^2. \quad (7.3)$$

Wir wollen die Gültigkeit dieser Gleichungen unter Ausnutzung der Eigenschaften von Potenzreihen beweisen. Im Fall $|z| < 1$ kann man $F_\xi'(z)$ durch gliedweises Differenzieren der Reihe (7.0) berechnen:

$$F_\xi'(z) = \sum_{k=0}^{\infty} kP_\xi(k)\, z^{k-1}.$$

Damit folgt

$$a = \sum_k kP_\xi(k) = \lim_{z \to 1} F_\xi'(z) = F_\xi'(1).$$

Völlig analog wird die zweite Gleichung von (7.3) bewiesen.

Es seien $\xi_1, \ldots, \xi_n$ unabhängige Zufallsgrößen, die nur ganzzahlige Werte annehmen können. Dann sind auch die Zufallsgrößen $z^{\xi_1}, \ldots, z^{\xi_n}$ (z ist dabei eine feste komplexe Zahl) unabhängig. Aus Formel (4.22) ergibt sich

$$\mathsf{M}z^{(\xi_1+\cdots+\xi_n)} = \mathsf{M}z^{\xi_1}\cdots z^{\xi_n} = \mathsf{M}z^{\xi_1}\cdots \mathsf{M}z^{\xi_n}.$$

Demnach kann man die erzeugende Funktion $F_\xi(z) = \mathsf{M}z^\xi$ der Summe $\xi = \xi_1 + \cdots + \xi_n$ von unabhängigen Zufallsgrößen $\xi_1, \ldots, \xi_n$ durch die erzeugenden Funktionen

$F_{\xi_k}(z) = \mathsf{M} z^{\xi_k}$ $(k = 1, \ldots, n)$ der einzelnen Summanden folgendermaßen ausdrücken:

$$F_\xi(z) = F_{\xi_1}(z) \cdots F_{\xi_n}(z). \qquad (7.4)$$

Beispiel (Die Binomialverteilung): Die Zufallsgröße ξ habe eine Binomialverteilung mit den Parametern (p, n), d. h., es gelte

$$P_\xi(k) = C_n^k p^k q^{n-k} \qquad (q = 1 - p; \quad k = 0, \ldots, n).$$

Wie bereits oben angegeben wurde [siehe Formel (6.1)], kann ξ als Summe von n unabhängigen Zufallsgrößen ξ_k $(k = 1, \ldots, n)$ dargestellt werden:

$$\xi = \xi_1 + \cdots + \xi_n, \quad \xi_k = \begin{cases} 1 \text{ mit Wahrscheinlichkeit } p, \\ 0 \text{ mit Wahrscheinlichkeit } q. \end{cases}$$

Für die erzeugende Funktion $F_{\xi_k}(z)$ eines einzelnen Summanden erhalten wir $F_{\xi_k}(z) = pz + q$, und aus Formel (7.4) folgt für die erzeugende Funktion $F_\xi(z)$ der Zufallsgröße ξ

$$F_\xi(z) = (pz + q)^n. \qquad (7.5)$$

Es seien $\xi_1, \xi_2, \ldots$ Zufallsgrößen, die nur nichtnegative ganze Zahlen annehmen können. Mit $P_n(k)$ $(k = 0, 1, \ldots)$ werde die Wahrscheinlichkeitsverteilung und mit $F_n(z)$ die erzeugende Funktion der Zufallsgröße ξ_n bezeichnet. Man sagt, die Folge der Wahrscheinlichkeitsverteilungen $\{P_n(k)\ (k = 0, 1, \ldots)\}$ $(n = 1, 2, \ldots)$ konvergiere schwach gegen eine Wahrscheinlichkeitsverteilung $P(k)$ $(k = 0, 1, \ldots)$, wenn für alle $k = 0, 1, \ldots$

$$\lim_{n\to\infty} P_n(k) = P(k) \qquad (7.6)$$

gilt.

Beispiel (Schwache Konvergenz von Binomialverteilungen gegen eine Poissonsche Verteilung): Es sei

ξ_n $(n = 1, 2, \ldots)$ eine Folge von Zufallsgrößen, die mit den entsprechenden Parametern (p_n, n) binomialverteilt sind. Es existiere der Grenzwert

$$\lim_{n\to\infty} n\,p_n = a.$$

Wegen Formel (6.3) konvergiert die Folge der Binomialverteilungen $\{P_n(k)\ (k = 0, \ldots, n)\}$ $(n = 1, 2, \ldots)$ mit

$$P_n(k) = C_n^k p_n^k q_n^{n-k} \qquad (q_n = 1 - p_n)$$

schwach gegen eine POISSONsche Verteilung $P(k)$ $(k = 0, 1, 2, \ldots)$ mit

$$P(k) = \frac{a^k}{k!} e^{-a} \qquad (k = 0, 1, \ldots)$$

und $a = \lim\limits_{n\to\infty} n\,p_n$.

Ergänzend sei bemerkt, daß die erzeugenden Funktionen $F_n(z) = (p_n z + q_n)^n$ der Zufallsgrößen ξ_n [vgl. Formel (7.5)] gleichmäßig gegen die erzeugende Funktion $F(z) = e^{a(z-1)}$ der angegebenen POISSONschen Verteilung, also der Grenzverteilung, konvergieren:

$$\lim_{n\to\infty} F_n(z) = \lim_{n\to\infty} (1 + p_n(z-1))^n$$
$$= \lim_{n\to\infty} \left(1 + \frac{a(z-1)}{n}\right)^n = e^{a(z-1)}.$$

Satz: *Eine Folge von diskreten Wahrscheinlichkeitsverteilungen* $\{P_n(k)\ (k = 0,\ 1,\ 2,\ \ldots)\}$ *konvergiert genau dann schwach gegen eine diskrete Wahrscheinlichkeitsverteilung* $P(k)$ $(k = 0,\ 1,\ 2,\ \ldots)$, *wenn die Folge der entsprechenden erzeugenden Funktionen* $F_n(z)$ *in jedem Kreis* $\{|z|\ |z| \leqq r < 1\}$ *gleichmäßig gegen die erzeugende Funktion* $F(z) = \sum\limits_{k=0}^{\infty} P(k)\, z^k$ *der Grenzverteilung konvergiert:*

$$\lim_{n\to\infty} F_n(z) = F(z). \tag{7.7}$$

Beweis: Die Beziehungen (7.6) seien erfüllt. Für jede natürliche Zahl K gilt (wegen $|z| \leqq 1$) die Ungleichung

$$|F_n(z) - F(z)| \leqq \sum_{k=0}^{K} |P_n(k) - P(k)| + \sum_{k=K+1}^{\infty} |z|^k.$$

Sind ε und r reelle Zahlen mit $\varepsilon > 0$ und $0 \leqq r < 1$, so kann man K so wählen, daß für alle z mit $|z| \leqq r$ die Ungleichung

$$\sum_{k=K+1}^{\infty} |z|^k \leqq \frac{r^K}{1-r} \leqq \frac{\varepsilon}{2}$$

erfüllt ist. Nach Voraussetzung gilt $\lim\limits_{n\to\infty} P_n(k) = P(k)$ ($k = 0, 1, 2, \ldots$). Deshalb gibt es eine natürliche Zahl N, so daß für alle $k = 0, 1, \ldots, K$ und alle n mit $n \geqq N$ die Beziehung

$$|P_n(k) - P(k)| \leqq \frac{\varepsilon}{2(K+1)}$$

gilt. Fassen wir die letzten drei Ungleichungen zusammen, so folgt für $n \geqq N$ und alle z mit $|z| \leqq r < 1$

$$|F_n(z) - F(z)| \leqq \varepsilon.$$

Zur Fortführung des Beweises benutzen wir einen bekannten Satz von Weierstrass, nach dem aus der gleichmäßigen Konvergenz analytischer Funktionen $F_n(z)$ die Konvergenz ihrer k-ten Ableitungen $F_n^{(k)}(z)$ folgt. In unserem Fall bedeutet das

$$\lim_{n\to\infty} F_n^{(k)}(z) = F^{(k)}(z)$$

für alle z mit $|z| < 1$ und alle natürlichen Zahlen k. Daraus erhalten wir wegen

$$P_n(k) = \frac{1}{k!} F_n^{(k)}(0), \qquad P(k) = \frac{1}{k!} F^{(k)}(0)$$

die Gleichungen

$$\lim_{n\to\infty} P_n(k) = P(k) \quad (k = 0, 1, 2, \ldots).$$

Damit ist der Satz bewiesen.

Wir kommen nun zu einem Beispiel, das die charakteristischen Eigenschaften der POISSONschen Verteilung besonders verdeutlicht.

Beispiel (Ein Strom von Ereignissen): Treten irgendwelche, einen Beobachter interessierende Ereignisse im Verlaufe der Zeit ein, so spricht man von einem *Strom von Ereignissen*. Ein Beispiel dafür sind die in einem Bedienungssystem eintreffenden Forderungen (konkret sind das die an eine Auskunft gerichteten Fragen, die an einer Tankstelle vorfahrenden Autos usw.). Wir nehmen an, die Zeitpunkte, an denen die betrachteten Ereignisse eintreten, hängen vom Zufall ab. Die Zufallsgröße $\xi(\Delta)$ sei gleich der Anzahl der im Zeitintervall Δ eintretenden Ereignisse. Welche Wahrscheinlichkeitsverteilung besitzt $\xi(\Delta)$?

Um diese Frage beantworten zu können, treffen wir einige zusätzliche Voraussetzungen. Erstens mögen die interessierenden Ereignisse unabhängig voneinander eintreten, d. h., einander nicht schneidenden Intervallen Δ_1, Δ_2, ... entsprechen unabhängige Zufallsgrößen $\xi(\Delta_1)$, $\xi(\Delta_2)$, ... Zweitens sei der Strom von Ereignissen stationär, die Wahrscheinlichkeitsverteilung jeder der Zufallsgrößen $\xi(\Delta)$ hänge also nur von der Länge und nicht von der Lage des entsprechenden Zeitintervalls Δ ab. Drittens seien die Wahrscheinlichkeit dafür, daß in einem kleinen Zeitintervall der Länge Δt eines der betrachteten Ereignisse eintritt, gleich $\lambda \cdot \Delta t + o(\Delta t)$ und die Wahrscheinlichkeit dafür, daß mehrere eintreten, gleich $o(\Delta t)$. Dabei bezeichnet $o(\Delta t)$ eine Größe, die von höherer Ordnung klein ist als Δt, und λ einen bestimmten positiven Parameter, der ein Maß für die Häufigkeit des Eintretens der Ereignisse ist.

Wenn wir das Zeitintervall $(0, t)$ in n gleiche Teile $\Delta_1, \ldots, \Delta_n$ zerlegen, dann gilt für die Gesamtanzahl $\xi(t)$ der Ereignisse, die während des Zeitintervalls $(0, t)$ eingetreten sind,

$$\xi(t) = \sum_{k=1}^{n} \xi(\Delta_k).$$

Die Zufallsgrößen $\xi(\Delta_1), \ldots, \xi(\Delta_n)$ sind unabhängig und geben die Anzahl der im jeweiligen Zeitintervall Δ_k eingetretenen Ereignisse an. Die Intervalle Δ_k haben alle die Länge $\frac{t}{n}$. Deshalb besitzen die Zufallsgrößen $\xi(\Delta_k)$ die gleiche Verteilung und somit auch die gleiche erzeugende Funktion $F_n(z)$. Es gilt

$$F_n(z) = \left(1 - \frac{\lambda t}{n}\right) + \frac{\lambda t}{n} z + o\left(\frac{1}{n}\right).$$

Die erzeugende Funktion $F(z)$ der Zufallsgröße $\xi(t)$ ergibt sich daraus wegen der Unabhängigkeit der $\xi(\Delta_k)$ $(k = 1, \ldots, n)$ zu

$$F(z) = [F_n(z)]^n = \left[1 + \frac{\lambda t(z-1)}{n} + o\left(\frac{1}{n}\right)\right]^n.$$

Diese Gleichung gilt für jede natürliche Zahl n. Beim Grenzübergang $n \to \infty$ erhalten wir

$$F(z) = \lim_{n\to\infty} \left[1 + \frac{\lambda t(z-1)}{n}\right]^n = e^{\lambda t(z-1)}.$$

$F(z)$ ist also die erzeugende Funktion der Poissonschen Verteilung mit dem Parameter $a = \lambda t$ (vgl. Formel (7.2)). Demnach gilt

$$\mathsf{P}\{\xi(t) = k\} = \frac{(\lambda t)^k}{k!} e^{-\lambda t} \qquad (k = 0, 1, \ldots).$$

Hieraus läßt sich für die Konstante λ eine anschauliche Bedeutung ableiten: λ ist wegen

$$\mathsf{M}\xi(t) = \lambda t$$

die mittlere Anzahl der während einer Zeiteinheit eintretenden Ereignisse.

7.2. Ist ξ eine reelle Zufallsgröße, so nennt man die durch

$$f_\xi(t) = \mathsf{M}\, e^{i\xi t} \qquad (-\infty < t < +\infty) \tag{7.8}$$

definierte Funktion $f_\xi(t)$ die *charakteristische Funktion* von ξ. Sie ist für jeden festen Wert von t gleich dem Erwartungswert der komplexen Zufallsgröße $\eta = e^{i\xi t}$.

Ist die Zufallsgröße ξ diskret verteilt, und nimmt sie nur nichtnegative, ganzzahlige Werte an, so stimmt die charakteristische Funktion $f_\xi(t)$ mit der Einschränkung der erzeugenden Funktion $F_\xi(z)$ auf die Einheitskreislinie überein. Genauer gilt $f_\xi(t) = F_\xi(z)$ für $z = e^{it}$ oder, anders ausgedrückt,

$$f_\xi(t) = \sum_{k=0}^{\infty} e^{ikt} P_\xi(k). \tag{7.9}$$

Diese Formel gibt die Darstellung der Funktion $f_\xi(t)$ in einer Fourier-Reihe an. Die Koeffizienten der Reihe sind mit den Wahrscheinlichkeiten $P_\xi(k) = \mathsf{P}\{\xi = k\}$ $(k = 0, 1, 2, \ldots)$ identisch. Diese Wahrscheinlichkeiten $P_\xi(k)$ sind also durch Angabe der charakteristischen Funktion $f_\xi(t)$ bereits eindeutig bestimmt.

Für eine stetig verteilte Zufallsgröße ξ mit der Dichte $p_\xi(x)$ ist die charakteristische Funktion $f_\xi(t)$, wie sich aus Formel (4.19) ergibt, das Fourier-Integral der Dichte $p_\xi(x)$:

$$f_\xi(t) = \int_{-\infty}^{\infty} e^{ixt}\, p_\xi(x)\, dx. \tag{7.10}$$

Aus der Analysis ist bekannt, daß eine Funktion durch Angabe ihres FOURIER-Integrals eindeutig festgelegt ist. Folglich ist die Dichte $p_\xi(x)$ durch die charakteristische Funktion $f_\xi(t)$ eindeutig bestimmt.

Ist ξ eine Zufallsgröße, für die der Erwartungswert $\mathsf{M}(|\xi|^3)$ existiert, dann gilt für die charakteristische Funktion $f_\xi(t)$ die Zerlegung

$$f_\xi(t) = 1 + i\mathsf{M}\xi t - \frac{\mathsf{M}\,\xi^2}{2}\cdot t^2 + R(t) \tag{7.11}$$

mit der Abschätzung des Restgliedes $R(t)$ durch

$$|R(t)| \leqq C\,|t|^3\,\mathsf{M}(|\xi|^3),$$

wobei C eine gewisse Konstante ist.

Aus (7.11) folgt insbesondere, daß der Erwartungswert $a = \mathsf{M}\xi$ und die Streuung $\sigma^2 = \mathsf{D}\xi$ mit Hilfe der Gleichungen

$$a = -\,i\,f_\xi'(0), \quad \sigma^2 = -\,f_\xi''(0) + (f_\xi'(0))^2 \tag{7.12}$$

berechnet werden können (vgl. mit den Formeln (7.3)).

Zum Beweis von (7.11) benutzen wir die TAYLOR-Formel: Für beliebige feste Werte von ξ gilt

$$e^{i\xi t} = 1 + i\xi t - \frac{\xi^2}{2}\cdot t^2 + \Theta$$

mit

$$|\Theta| \leqq C\,|\xi|^3\,|t|^3.$$

Faßt man ξ wieder als Zufallsgröße auf und bildet die Erwartungswerte aller vorkommenden Ausdrücke, so erhält man die Gleichung (7.11).

Sind $\xi_1, \ldots, \xi_n$ unabhängige Zufallsgrößen, so ist wegen (4.22) die charakteristische Funktion $f_\xi(t)$ der Summe $\xi = \xi_1 + \cdots + \xi_n$ durch

$$f_\xi(t) = f_{\xi_1}(t)\cdots f_{\xi_n}(t) \tag{7.13}$$

gegeben (vgl. mit Formel (7.4)).

Es sei ξ_n $(n = 1, 2, \ldots)$ eine Folge von Zufallsgrößen mit den entsprechenden charakteristischen Funktionen $f_n(t)$ $(n = 1, 2, \ldots)$. Man sagt, die Folge der Wahrscheinlichkeitsverteilungen dieser Zufallsgrößen konvergiere schwach gegen eine Wahrscheinlichkeitsverteilung mit der Dichte $p(x)$, wenn für alle Zahlen x' und x'' mit $x' \leqq x''$ die Beziehung

$$\lim_{n\to\infty} \mathsf{P}\{x' \leqq \xi_n \leqq x''\} = \int_{x'}^{x''} p(x)\,dx \tag{7.14}$$

gilt (vgl. mit der im vorigen Abschnitt angegebenen Definition (7.6) der schwachen Konvergenz für ganzzahlige Zufallsgrößen ξ_n).

Satz:[1]) *Eine Folge von Wahrscheinlichkeitsverteilungen konvergiert genau dann schwach gegen eine stetige Wahrscheinlichkeitsverteilung mit der Dichte $p(x)$, wenn die Folge $f_n(t)$ der entsprechenden charakteristischen Funktionen auf jedem endlichen Intervall $t' \leqq t \leqq t''$ gleichmäßig gegen die charakteristische Funktion*

$$f(t) = \int_{-\infty}^{\infty} e^{ixt}\,p(x)\,dx$$

der Grenzverteilung konvergiert:

$$\lim_{n\to\infty} f_n(t) = f(t). \tag{7.15}$$

Wir kommen nun zum zentralen Grenzwertsatz, von dem wir bereits einen Spezialfall kennengelernt haben, nämlich den Grenzwertsatz von MOIVRE-LAPLACE (vgl. Abschnitt 6.2).[1])

Man sagt, eine Folge unabhängiger Zufallsgrößen ξ_k $(k = 1, 2, \ldots)$, deren Erwartungswerte $a_k = \mathsf{M}\xi_k$ und

---

[1]) Vgl. z. B. B. W. GNEDENKO, Lehrbuch der Wahrscheinlichkeitstheorie, 5. Aufl., Berlin 1968.

Streuungen $\sigma_k^2 = \mathsf{D}\xi_k$ existieren, genüge dem zentralen Grenzwertsatz, wenn für die normierten Summen

$$S_n^* = \frac{S_n - \mathsf{M}S_n}{\sqrt{\mathsf{D}S_n}}$$

mit $S_n = \sum_{k=1}^{n} \xi_k$ die Beziehung (6.7) erfüllt ist.

Wir werden die Gültigkeit des zentralen Grenzwertsatzes unter der Annahme beweisen, daß die sogenannte LJAPUNOW*sche Bedingung* erfüllt ist. Sie lautet

$$\lim_{n\to\infty} \frac{1}{B_n^3} \sum_{k=1}^{n} \mathsf{M}\,|\,\xi_k - a_k\,|^3 = 0 \tag{7.16}$$

mit

$$B_n^2 = \mathsf{D}S_n = \sum_{k=1}^{n} \sigma_k^2.$$

Die Gleichung (7.16) gilt zum Beispiel, wenn die Zufallsgrößen $\xi_1, \xi_2, \ldots$ alle dieselbe Wahrscheinlichkeitsverteilung besitzen, deren drittes Moment $\alpha = \mathsf{M}\,|\,\xi_k - a_k\,|^3$ endlich ist. Sind nämlich die Zufallsgrößen ξ_k $(k = 1, 2, \ldots)$ unabhängig, und besitzen sie die gleiche Verteilung (insbesondere die gleiche Streuung σ^2), so gilt

$$B_n^2 = \sum_{k=1}^{n} \mathsf{D}\,\xi_k = n\sigma^2$$

und damit

$$\frac{1}{B_n^3} \sum_{k=1}^{n} \mathsf{M}\,|\,\xi_k - a_k\,|^3 = \frac{1}{\sqrt{n}} \frac{\alpha}{\sigma^3}.$$

Grob gesprochen lautet die Aussage des zentralen Grenzwertsatzes folgendermaßen: Ist eine Zufallsgröße ξ die Summe sehr vieler, praktisch nicht voneinander abhängender, kleiner Zufallsgrößen, so ist ξ annähernd normalverteilt, d. h., es gilt

$$\mathsf{P}\left\{x_1 \leqq \frac{\xi - \mathsf{M}\,\xi}{\sqrt{\mathsf{D}\,\xi}} \leqq x_2\right\} \approx F(x_2) - F(x_1),$$

wobei $F(x)$ die durch Formel (6.9) definierte Verteilungsfunktion der Normalverteilung ist.

Wir bestimmen zunächst die charakteristische Funktion $f(t)$ der Normalverteilung mit der Dichte $p(x) = \frac{1}{\sqrt{2\pi}} e^{-\frac{x^2}{2}}$, und zwar unter Benutzung der Gleichung

$$\int_{-\infty}^{\infty} p(x)\,dx = \frac{1}{\sqrt{2\pi}} \int_{-\infty}^{\infty} e^{-\frac{x^2}{2}}\,dx = 1.$$

(Die Beziehung $\int_{-\infty}^{\infty} p(x)\,dx = 1$ gilt für die Dichte $p(x)$ jeder stetigen Wahrscheinlichkeitsverteilung.)

Wir erhalten aus dieser Gleichung

$$f(t) = \int_{-\infty}^{\infty} e^{ixt}\,p(x)\,dx = \frac{1}{\sqrt{2\pi}} \int_{-\infty}^{\infty} e^{ixt - \frac{x^2}{2}}\,dx$$

$$= e^{-\frac{t^2}{2}} \frac{1}{\sqrt{2\pi}} \int_{-\infty}^{\infty} e^{-\frac{(x-it)^2}{2}}\,dx.$$

Die Funktion $\varphi(z) = e^{-\frac{z^2}{2}}$ ist in Abhängigkeit von der komplexen Veränderlichen z analytisch; für das Integral

$$\int_L \varphi(z)\,dz$$

über den geschlossenen Rand L des Rechtecks mit den Ecken $(-N, O)$, (N, O), $(N, -it)$, $(-N, -it)$ ergibt sich deshalb der Wert 0. Daraus folgt

$$\frac{1}{\sqrt{2\pi}}\int_{-\infty}^{\infty} e^{-\frac{(x-it)^2}{2}}\,dx = \lim_{N\to\infty}\frac{1}{\sqrt{2\pi}}\int_{-N}^{N} e^{-\frac{(x-it)^2}{2}}\,dx$$

$$= \lim_{N\to\infty}\frac{1}{\sqrt{2\pi}}\int_{-N-it}^{N-it} e^{-\frac{x^2}{2}}\,dx = \lim_{N\to\infty}\frac{1}{\sqrt{2\pi}}\int_{-N}^{N} e^{-\frac{x^2}{2}}\,dx = 1\,.$$

Also hat die charakteristische Funktion $f(t)$ der Normalverteilung die Darstellung

$$f(t) = e^{-\frac{t^2}{2}}. \tag{7.17}$$

Besitzt eine Zufallsgröße ξ die angegebene Normalverteilung, dann gelten für den Erwartungswert a und die Streuung σ^2 [vgl. (7.12)] die Gleichungen

$$a = -if'(0) = 0\,,\quad \sigma^2 = -f''(0) = 1\,. \tag{7.18}$$

Der zentrale Grenzwertsatz trifft eine Aussage über die schwache Konvergenz der Verteilungen von normierten Summen S_n^* $(n = 1, 2, \ldots)$ gegen die Normalverteilung:

$$\lim_{n\to\infty} \mathsf{P}\{x' \leqq S_n^* \leqq x''\} = \int_{x'}^{x''} p(x)\,dx,\quad p(x) = \frac{1}{\sqrt{2\pi}}e^{-x^2/2}.$$

Wegen des Satzes über die schwache Konvergenz [vgl. (7.15)] genügt es zu zeigen, daß die charakteristischen Funktionen $f_n(t)$ der Zufallsgrößen S_n^* für $n \to \infty$ gegen die charakteristische Funktion $f(t) = e^{-t^2/2}$ der Normalverteilung konvergieren, und zwar gleichmäßig in jedem endlichen Intervall $t' \leqq t \leqq t''$. Nach Definition gilt

$$S_n^* = \sum_{k=1}^{n} \frac{\xi_k - a_k}{B_n}, \qquad B_n^2 = \mathsf{D}\, S_n .$$

Der Erwartungswert der Zufallsgrößen $\xi_k - a_k$ ist gleich Null, und ihre Streuungen sind gleich σ_k^2. Aus Formel (7.11) ergibt sich für ihre charakteristischen Funktionen $g_k(t)$ die Darstellung

$$g_k(t) = 1 - \frac{\sigma_k^2}{2} t^2 + R_k(t), \qquad |R_k(t)| \leqq C\, |t|^3\, \mathsf{M} |\, \xi_k - a_k|^3$$

(C ist eine gewisse Konstante). Für die charakteristischen Funktionen $f_{kn}(t)$ der Summanden $\dfrac{\xi_k - a_k}{B_n}$ erhält man daraus

$$f_{kn}(t) = g_k\left(\frac{t}{B_n}\right) = 1 - \frac{\sigma_k^2}{2\, B_n^2} t^2 + R_k\left(\frac{t}{B_n}\right)$$

mit

$$\left| R_k\left(\frac{t}{B_n}\right)\right| \leqq C\, |t|^3 \frac{\mathsf{M}\, |\, \xi_k - a_k|^3}{B_n^3}.$$

Wegen (7.13) genügen die charakteristischen Funktionen $f_n(t)$ der Zufallsgrößen S_n^* den Gleichungen

$$f_n(t) = \prod_{k=1}^{n} f_{kn}(t)$$

und

$$\ln f_n(t) = \sum_{k=1}^{n} \ln f_{kn}(t) \sim \sum_{k=1}^{n} \left[-\frac{\sigma_k^2}{2\, B_n^2} t^2 + R_k\left(\frac{t}{B_n}\right)\right],$$

wobei auf Grund der Bedingung (7.11) die Ungleichung

$$\left| \sum_{k=1}^{n} R_k\left(\frac{t}{B_n}\right)\right| \leqq C\, |t|^3 \frac{1}{B_n^3} \sum_{k=1}^{n} \mathsf{M}\, |\, \xi_k - a_k|^3$$

erfüllt ist. Wegen Voraussetzung (7.16) konvergiert der auf der rechten Seite stehende Ausdruck für $n \to \infty$ in jedem endlichen Intervall $t' \leqq t \leqq t''$ gleichmäßig gegen Null.

So erhalten wir

$$\ln f_n(t) \sim -\frac{t^2}{2}$$

und folglich

$$\lim_{n\to\infty} f_n(t) = e^{-t^2/2}.$$

Damit ist der Beweis beendet.

8. Markowsche Ketten, rekurrente und transiente Zustände, Grenzverteilungen, Stationarität

8.1. Es sei ein System gegeben, das schrittweise seinen Zustand ändert. Ferner sei vorausgesetzt, daß nur endlich oder abzählbar unendlich viele verschiedene Zustände $\varepsilon_1, \varepsilon_2, \ldots$ möglich sind. Anfangs befinde sich das System im Zustand $\xi(0)$ und gehe im n-ten Schritt in den Zustand $\xi(n)$ über. Die Übergänge

$$\xi(0) \to \xi(1) \to \cdots$$

sollen vom Zufall abhängen und die folgende Gesetzmäßigkeit aufweisen. Befindet sich das System nach dem n-ten Schritt im Zustand ε_i, dann wechselt es, unabhängig von den Zuständen, die es vorher angenommen hat, im folgenden Schritt mit der Wahrscheinlichkeit p_{ij} nach ε_j über:

$$p_{ij} = \mathsf{P}\{\xi(n+1) = \varepsilon_j \mid \xi(n) = \varepsilon_i\} \quad (i, j = 1, 2, \ldots). \quad (8.0)$$

Die Folge $\xi(n)$ $(n = 0, 1, \ldots)$ heißt eine *homogene* MARKOW*sche Kette*, und die Wahrscheinlichkeiten p_{ij} $(i, j = 1, 2, \ldots)$ nennt man die *Übergangswahrscheinlichkeiten* dieser Kette. Außer den Übergangswahrscheinlichkeiten p_{ij} sei noch die sogenannte Anfangsverteilung

$$p_i^0 = \mathsf{P}\{\xi(0) = \varepsilon_i\} \quad (i = 1, 2, \ldots) \tag{8.1}$$

der MARKOWschen Kette gegeben.

Wie groß ist die Wahrscheinlichkeit

$$p_j(n) = \mathsf{P}\{\xi(n) = \varepsilon_j\} \tag{8.2}$$

dafür, daß sich das System nach n Schritten im Zustand ε_j befindet?

Nach $n-1$ Schritten ist das System mit Sicherheit in einen der möglichen Zustände ε_i $(i = 1, 2, \ldots)$ gelangt; in ε_k wird es sich mit der Wahrscheinlichkeit $p_k(n-1)$ befinden. Die Wahrscheinlichkeit dafür, daß sich das System nach n Schritten im Zustand ε_j aufhält, wenn es nach $n-1$ Schritten den Zustand ε_k erreicht hat, ist gleich der Wahrscheinlichkeit p_{kj} des Überganges von ε_k nach ε_j. Mit Hilfe der Formel für die totale Wahrscheinlichkeit erhalten wir

$$\mathsf{P}\{\xi(n) = \varepsilon_j\}$$

$$= \sum_k \mathsf{P}\{\xi(n) = \varepsilon_j \mid \xi(n-1) = \varepsilon_k\} \mathsf{P}\{\xi(n-1) = \varepsilon_k\}. \tag{8.3}$$

Diese Gleichung führt zu den folgenden rekursiven Formeln für die Wahrscheinlichkeiten $p_j(n)$ $(j = 1, 2, \ldots)$:

$$p_j(0) = p_j^0, \; p_j(n) = \sum_k p_k(n-1)\, p_{kj} \; (n = 1, 2, \ldots). \tag{8.4}$$

Befindet sich das System zum Anfangszeitpunkt mit Wahrscheinlichkeit 1 im Zustand ε_i, so liegt die spezielle Anfangsverteilung $p_i^0 = 1$, $p_k^0 = 0$ für $k \neq i$ vor. In diesem Fall ist $p_j(n)$ identisch mit der Wahrscheinlichkeit

$p_{ij}(n)$ dafür, daß das System in n Schritten aus dem Zustand ε_i in den Zustand ε_j übergeht:

$$p_{ij}(n) = \mathsf{P}\{\xi(n) = \varepsilon_j \mid \xi(0) = \varepsilon_i\} \quad (i,\ j = 1, 2, \ldots). \tag{8.5}$$

Mit der eben beschriebenen speziellen Anfangsverteilung ergeben die Formeln (8.4) die folgenden Beziehungen zwischen den Übergangswahrscheinlichkeiten $p_{ij}(n)$ $(i,\ j = 1, 2, \ldots)$:

$$p_{ij}(0) = \begin{cases} 1 \text{ für } j = i \\ 0 \text{ für } j \neq i \end{cases}; \quad p_{ij}(n) = \sum_k p_{ik}(n-1)\, p_{kj} \quad (n = 1, 2, \ldots). \tag{8.6}$$

Zur Vereinfachung der Schreibweise führen wir die Matrizen $P(n) = \{p_{ij}(n)\}$ ein. Aus (8.6) folgen die Gleichungen

$$P(0) = I, \quad P(1) = P, \quad P(2) = P(1)\, P = P^2, \ \ldots.$$

Dabei bezeichnen I die Einheitsmatrix und $P = \{p_{ij}\}$ die Matrix der Übergangswahrscheinlichkeiten. Mittels dieser Gleichungen erhält man die allgemeine Formel

$$P(n) = P^n \quad (n = 1, 2, \ldots). \tag{8.7}$$

Wir kommen nun zu einigen Beispielen.

Das Umstapeln von Büchern

Auf einem Schreibtisch liege ein Stapel von m Büchern. Numeriert man die Bücher irgendwie durch die Zahlen 1 bis m, so kann ihre Anordnung innerhalb des Stapels von oben nach unten durch eine Permutation der Form $(i_1, i_2, \ldots, i_m)$ charakterisiert werden. Dabei bedeutet i_1 die Nummer des zuoberst liegenden Buches, i_2 die des folgenden usw. Jede solche Permutation werde als Zustand des Stapels bezeichnet. Wir nehmen an, aus dem Stapel wird ein Buch herausgegriffen, und zwar das k-te

Buch mit der Wahrscheinlichkeit p_k $(k = 1, 2, \ldots, m)$, und auf den Stapel obenauf gelegt.

Der Stapel befinde sich im Zustand $(i_1, i_2, \ldots, i_m)$. Im nächsten Schritt verbleibt er entweder in diesem Zustand, dieses Ereignis tritt ein, wenn das obenliegende Buch weggenommen wird, es hat demzufolge die Wahrscheinlichkeit p_{i_1}, oder er geht in den Zustand $(i_k, i_1, \ldots, i_{k-1}, i_{k+1}, \ldots, i_m)$ $(k = 2, 3, \ldots, m)$ über; letzteres Ereignis tritt ein, wenn das i_k-te Buch entnommen wird, und besitzt die Wahrscheinlichkeit p_{i_k}.

Wir haben es hier mit einer Markowschen Kette zu tun, deren mögliche Zustände durch die Permutationen der Zahlen 1 bis m beschrieben werden und die die angegebenen Übergangswahrscheinlichkeiten besitzt.

Wir wollen jetzt den einfachen Fall $m = 2$ näher betrachten. Hier gibt es nur zwei mögliche Zustände: $\varepsilon_1 = (1, 2)$ und $\varepsilon_2 = (2, 1)$. Die Übergangswahrscheinlichkeiten besitzen die Form

$$p_{11} = p_{21} = p_1, \quad p_{12} = p_{22} = p_2,$$

und für die Matrix $P = \{p_{ij}\}$ erhalten wir

$$P = \begin{pmatrix} p_1 & p_2 \\ p_1 & p_2 \end{pmatrix}.$$

Die Übergangswahrscheinlichkeiten $p_{ij}(2)$ werden mittels der Gleichungen

$$p_{11}(2) = p_{21}(2) = p_1 p_1 + p_2 p_1 = p_1(p_1 + p_2)$$

und

$$p_{12}(2) = p_{22}(2) = p_1 p_2 + p_2 p_2 = p_2(p_1 + p_2)$$

bestimmt. Demnach gilt $P^2 = P$, und allgemein erhalten wir daraus $P^n = P$. Für eine beliebige Anfangsverteilung p_j^0 $(j = 1, 2)$ ergibt sich

$$p_1(n) = p_1^0 p_{11}(n) + p_2^0 p_{21}(n) = p_1(p_1^0 + p_2^0) = p_1,$$

$$p_2(n) = p_1^0 p_{12}(n) + p_2^0 p_{22}(n) = p_2(p_1^0 + p_2^0) = p_2$$

$$(n = 1, 2, \ldots).$$

Eine Aufgabe zur Auswahl des besten Objektes (vgl. Abschnitt 3.1)

Wir definieren $\xi(0) = 1$ und setzen $\xi(1) = i$, wenn das i-te untersuchte Objekt erstmalig besser als alle vorher betrachteten ist. Falls das j-te herausgegriffene Objekt dasjenige ist, das zum zweiten Mal besser als alle vorangegangenen ist, so gelte $\xi(2) = j$ usw. Ist das $\xi(\nu)$-te betrachtete Objekt nicht nur das beste unter den bis dahin untersuchten, sondern das absolut beste unter allen vorhandenen, so bricht die Kette der Übergänge $\xi(0) \to \xi(1) \to \xi(2) \to \cdots$ bei $\xi(\nu)$ ab; bei weiterer Untersuchung gibt es kein Objekt, das besser als das $\xi(\nu)$-te ist. Die Zahl ν hängt vom Zufall ab, da die Auswahl der Objekte auf gut Glück erfolgt. Wir führen die folgende Bezeichnung ein: ε_i $(i = 1, 2, \ldots, m)$ stehe für den Sachverhalt, daß das i-te betrachtete Objekt das beste unter allen vorangegangenen ist, ε_{m+1} bedeute, daß das absolut beste Objekt bereits betrachtet worden ist. Setzen wir $\xi(n) = m + 1$ für alle n mit $n > \nu$, und sagen wir, die Zufallsgröße $\xi(k)$ $(k = 1, 2, \ldots)$ befinde sich im Zustand ε_j, wenn $\xi(k) = j$ gilt, so bildet die Folge $\xi(n)$ $(n = 0, 1, \ldots)$ eine Markowsche Kette mit den möglichen Zuständen $\varepsilon_1, \varepsilon_2, \ldots, \varepsilon_{m+1}$.

Wir bestimmen nun die Übergangswahrscheinlichkeiten p_{ij} dieser Kette. Wegen $\xi(0) < \xi(1) < \xi(2) < \cdots < \xi(\nu)$ erhalten wir für $i \geqq j$, $j \leqq m$ die Gleichung $p_{ij} = 0$. Ferner ergibt sich $p_{m+1, m+1} = 1$. Es gelte $i < j \leqq m$. Mit $\bar{\varepsilon}_j$ bezeichnen wir das Ereignis, das bei aufeinanderfolgendem zufälligem Herausgreifen von j Objekten das j-te das beste ist. Man erhält[1])

$$p_{ij} = \mathsf{P}\{\xi(k) = j \mid \xi(k-1) = i\} = \mathsf{P}(\bar{\varepsilon}_j \mid \bar{\varepsilon}_i) \ (i < j \leqq m).$$

Aus Formel (3.0) ergibt sich

$$p_{ij} = \frac{\mathsf{P}(\bar{\varepsilon}_i \bar{\varepsilon}_j)}{\mathsf{P}(\bar{\varepsilon}_i)} \quad (i < j \leqq m).$$

Die Wahrscheinlichkeit des Ereignisses $\bar{\varepsilon}_j$ ist gleich der Wahrscheinlichkeit dafür, daß man bei der zufälligen Auswahl einer Permutation von j Objekten solch eine bekommt, bei der sich ein bestimmtes Objekt (in unserem Fall das beste unter diesen j) an letzter Stelle befindet. Die Gesamtanzahl der zur Auswahl zur Verfügung stehenden Permutationen ist $j!$, und die Anzahl derer, bei denen sich an letzter Stelle ein bestimmtes Objekt befindet, ist $(j-1)!$. Folglich gilt

$$\mathsf{P}(\bar{\varepsilon}_j) = \frac{(j-1)!}{j!} = \frac{1}{j} \quad (j = 1, \ldots, m).$$

Die Wahrscheinlichkeit des Ereignisses $\bar{\varepsilon}_i \bar{\varepsilon}_j$ $(i < j)$ stimmt mit der Wahrscheinlichkeit dafür überein, daß an letzter Stelle das beste von j Objekten steht, und sich an der i-ten Stelle ebenfalls ein völlig bestimmtes, nämlich das zweitbeste der j Objekte, befindet. Es gibt insgesamt $(j-2)!$ solcher Permutationen, und damit erhalten wir

$$\mathsf{P}(\bar{\varepsilon}_i \bar{\varepsilon}_j) = \frac{(j-2)!}{j!} = \frac{1}{(j-1)\,j} \quad (i < j \leqq m).$$

Für die Übergangswahrscheinlichkeiten p_{ij} ergibt sich

$$p_{ij} = \frac{i}{j(j-1)} \quad (i < j \leqq m).$$

---

[1]) Vgl. z. B. *Е. Б. Дынкин, А. А. Юшкевич*, Теоремы и задачи о процессах маркова, Москва 1967. (E. B. Dynkin, A.A. Juschkewitsch, Lehrsätze und Probleme über Markowsche Prozesse, Moskau 1968.)

Die Werte von $p_{i,m+1}$ wurden früher schon einmal bestimmt (vgl. Abschnitt 3.1):

$$p_{i,m+1} = \frac{i}{m} \quad (i = 1, \ldots, m).$$

Irrfahrten

Wir nehmen an, irgendein Teilchen bewegt sich schrittweise in der Menge der ganzen Zahlen. Befindet es sich im Punkt i, dann soll es, unabhängig von seinem bisherigen Verhalten, im nächsten Schritt mit der Wahrscheinlichkeit p in den Punkt $i + 1$ und mit der Wahrscheinlichkeit $q = 1 - p$ in den Punkt $i - 1$ übergehen. Man sagt, das Teilchen vollführe eine Irrfahrt. Diese Irrfahrt ist eng mit dem BERNOULLIschen Schema verbunden.

Es sei $\xi(n)$ $(n = 0, 1, \ldots)$ die ganze Zahl, bei der sich das Teilchen nach n Schritten befindet. $\xi(n)$ ist eine Zufallsgröße.

Auf Grund der obigen Voraussetzungen ist die Folge $\xi(n)$ $(n = 0, 1, 2, \ldots)$ eine MARKOWsche Kette mit den Übergangswahrscheinlichkeiten

$$p_{ij} = \begin{cases} p & \text{für } j = i + 1, \\ q & \text{für } j = i - 1, \\ 0 & \text{für } j \neq i - 1, i + 1. \end{cases}$$

Ein anderes Beispiel einer Irrfahrt erhält man, wenn man ein Teilchen betrachtet, das sich auf den ganzen nichtnegativen Zahlen bewegt und den folgenden Voraussetzungen genügt: Befindet es sich bei der Zahl i $(i = 0, 1, 2, \ldots)$, so gehe es im nächsten Schritt mit der Wahrscheinlichkeit p_i in den benachbarten Punkt $i + 1$ und mit der Wahrscheinlichkeit $q_i = 1 - p_i$ in den Nullpunkt über. Die entsprechenden Übergangswahrscheinlichkeiten sind

$$p_{ij} = \begin{cases} p_i & \text{für} \quad j = i + 1, \\ q_i & \text{für} \quad j = 0, \\ 0 & \text{für} \quad j \neq 0, i + 1. \end{cases}$$

8.2. Wir stellen uns wieder ein System vor, das schrittweise seinen Zustand ändert. Die möglichen Zustände seien $\varepsilon_1, \varepsilon_2, \ldots$. Anfangs befinde sich das System im Zustand $\xi(0)$ und nach dem n-ten Schritt in $\xi(n)$ ($n = 1, 2, \ldots$).

Wir setzen voraus, daß die Folge $\xi(n)$ ($n = 0, 1, 2, \ldots$) eine Markowsche Kette mit den Übergangswahrscheinlichkeiten p_{ij} ($i, j = 1, 2, \ldots$) ist. Das System befinde sich zum Anfangszeitpunkt im Zustand ε_i, es gelte also $\xi(0) = \varepsilon_i$. Wir setzen $u_n = p_{ii}(n)$ und bezeichnen mit v_n die Wahrscheinlichkeit dafür, daß das System nach n Schritten erstmalig in den Anfangszustand ε_i zurückkehrt. Definiert man $u_0 = 1$ und $v_0 = 0$, so gilt

$$u_n = u_0 v_n + u_1 v_{n-1} + \cdots + u_{n-1} v_1 + u_n v_0$$
$$(n = 1, 2, \ldots). \tag{8.8}$$

Der Beweis ergibt sich mittels der Formel für die totale Wahrscheinlichkeit. Führen wir nämlich die Ereignisse B_k, „Das System kehrt nach k Schritten erstmalig in den Ausgangszustand ε_i zurück" ($k = 1, 2, \ldots, n$), und das Ereignis B_{n+1}, „Das System befindet sich nach keinem der ersten n Schritte im Zustand ε_i", ein, so bilden $B_1, B_2, \ldots, B_{n+1}$ ein vollständiges System von Ereignissen. Für die Wahrscheinlichkeit des Ereignisses A, „Das System wird sich nach n Schritten im Ausgangszustand ε_i aufhalten", bekommen wir aus der Formel für die totale Wahrscheinlichkeit die Gleichung

$$\mathsf{P}(A) = \sum_{k=1}^{n+1} \mathsf{P}(A \mid B_k)\, \mathsf{P}(B_k).$$

Wegen der Beziehungen

$$\mathsf{P}(B_k) = v_k,\ \mathsf{P}(A \mid B_k) = u_{n-k}\ (k = 1, 2, \ldots, n) \text{ und}$$
$$\mathsf{P}(A \mid B_{n+1}) = 0$$

folgt daraus die zu beweisende Gleichung.

Betrachtet man die erzeugenden Funktionen

$$U(z) = \sum_{k=0}^{\infty} u_k z^k, \quad V(z) = \sum_{k=0}^{\infty} v_k z^k \quad (|z| \leqq 1),$$

so kann die Gleichung (8.8), die für alle $n = 1, 2, \ldots$ erfüllt ist, in der Form

$$U(z) - u_0 = U(z) \cdot V(z) \quad (u_0 = 1)$$

geschrieben werden. Daraus ergibt sich

$$U(z) = \frac{1}{1 - V(z)}. \tag{8.9}$$

Der Wert

$$v = \sum_{k=0}^{\infty} v_k \tag{8.10}$$

ist die Wahrscheinlichkeit dafür, daß das System irgendwann einmal in den Ausgangszustand zurückgelangt.

Wir definieren jetzt zwei neue Begriffe. Ein Zustand ε_i heißt *rekurrent*, wenn die Wahrscheinlichkeit dafür, irgendwann einmal in ihn zurückzukehren, gleich 1 und *transient*, wenn sie kleiner als 1 ist.

Satz: *Ein Zustand ε_i ist genau dann rekurrent, wenn*

$$\sum_{n=0}^{\infty} p_{ii}(n) = \infty \tag{8.11}$$

gilt.

Beweis: Nach Definition ist der Zustand ε_i genau dann rekurrent, wenn die Gleichung

$$v = \sum_{k=0}^{\infty} v_k = \lim_{z \to 1} V(z) = 1$$

gilt. Diese Grenzwertbeziehung ist mit

$$\lim_{z \to 1} U(z) = \lim_{z \to 1} \frac{1}{1 - V(z)} = \infty$$

äquivalent. Offensichtlich gilt

$$\lim_{z \to 1} U(z) = \lim_{z \to 1} \sum_{n=0}^{\infty} u_n z^n = \sum_{n=0}^{\infty} u_n .$$

Folglich ist die Rekurrenz des Zustandes ε_i gleichbedeutend mit der Divergenz der Reihe $\sum_{n=0}^{\infty} u_n$. Wegen $u_n = p_{ii}(n)$ ist der Satz damit bewiesen.

Satz: *Ist der Ausgangszustand ε_i rekurrent, und wächst die Schrittzahl unbegrenzt, so kehrt das System mit Wahrscheinlichkeit 1 unendlich oft nach ε_i zurück. Ist dagegen der Zustand ε_i transient, so befindet sich das System mit Wahrscheinlichkeit 1 nur endlich oft im Zustand ε_i, mit anderen Worten, nach einer gewissen endlichen Anzahl von Schritten kehrt es nie wieder nach ε_i zurück.*

Beweis: Wir bezeichnen mit ν_1 die Anzahl der Schritte bis zur ersten Rückkehr in ε_i, mit ν_2 die Schrittzahl bis zur zweiten Rückkehr usw. Gelangt das System bei unbegrenzt wachsender Schrittzahl weniger als k-mal in ε_i zurück, so setzen wir $\nu_k = \infty$.

Das Ereignis $\{\nu_k < \infty\}$ bedeutet, daß das System mindestens k-mal in ε_i zurückkehrt. Für die Rückkehrwahrscheinlichkeit v gilt

$$\mathsf{P}\{\nu_1 < \infty\} = v .$$

Tritt das Ereignis $\{\nu_1 < \infty\}$ ein, so geht das System nach einer gewissen endlichen Anzahl ν_1 von Schritten wieder in den Ausgangszustand ε_i über, und sein weiteres Verhalten wird durch dieselben Gesetzmäßigkeiten bestimmt, als wenn es seine Bewegung nach dem ν_1-ten Schritt erst begonnen hätte. Deshalb gilt

$$\mathsf{P}\{\nu_2 < \infty \mid \nu_1 < \infty\} = v .$$

Aus $\nu_1 = \infty$ folgt offensichtlich $\nu_2 = \infty$. Darum erhalten wir

$$\mathsf{P}\{\nu_2 < \infty\} = \mathsf{P}\{\nu_2 < \infty \mid \nu_1 < \infty\} \cdot \mathsf{P}\{\nu_1 < \infty\} = v^2 .$$

Für beliebiges k gelten völlig analog die Beziehungen

$$\mathsf{P}\{\nu_k < \infty \mid \nu_{k-1} < \infty\} = v, \quad \mathsf{P}\{\nu_k < \infty\} = v^k .$$

Untersuchen wir zunächst den Fall, daß der Zustand ε_i transient ist, d. h., daß $v < 1$ gilt. Wir erhalten

$$\sum_{k=1}^{\infty} \mathsf{P}\{\nu_k < \infty\} = \sum_{k=1}^{\infty} v^k < \infty ,$$

und wegen des ersten Lemmas von Borel-Cantelli (vgl. Abschnitt 4.1) treten die Ereignisse $\{\nu_k < \infty\}$ nur für endlich viele k ein. Mit Wahrscheinlichkeit 1 wird sich also das System bei unbegrenzt wachsender Schrittzahl nur endlich oft im Zustand ε_i befinden.

Wenden wir uns nun dem Fall zu, daß der Zustand ε_i rekurrent ist. Das bedeutet $v = 1$. Für beliebige k gilt jetzt

$$\mathsf{P}\{\nu_k < \infty\} = 1 .$$

Es sei $\varkappa$ die (absolute) Häufigkeit, mit der das System bei unendlich vielen Schritten nach ε_i zurückkehrt. Das Ereignis $\{\varkappa \geq k\}$ bedeutet, daß das System mindestens k-mal in den Ausgangszustand ε_i zurückgelangt und ist deshalb mit dem Ereignis $\{\nu_k < \infty\}$ äquivalent. Weil für alle k

die Gleichung $\mathsf{P}\{\nu_k < \infty\} = 1$ gilt, übertrifft $\varkappa$ mit Wahrscheinlichkeit 1 jede vorgegebene natürliche Zahl k. Das bedeutet

$$\mathsf{P}\{\varkappa = \infty\} = 1 .$$

Damit ist der Satz bewiesen.

Man sagt, der Zustand ε_j sei von ε_i aus erreichbar, wenn das System nach einer gewissen Anzahl von Schritten mit positiver Wahrscheinlichkeit von ε_i in ε_j übergeht, d. h., wenn für eine gewisse natürliche Zahl M die Ungleichung $p_{ij}(M) > 0$ gilt.

Es sei ε_i ein rekurrenter Zustand und ε_j von ε_i aus erreichbar. Dann ist andererseits auch ε_i von ε_j aus erreichbar. Wäre das nicht der Fall, so ginge das System nach M Schritten mit positiver Wahrscheinlichkeit $p_{ij}(M) = \alpha > 0$ aus dem Zustand ε_i in ε_j über und könnte nach einem solchen Übergang nie mehr nach ε_i zurückkehren. Die Rückkehrwahrscheinlichkeit in ε_i wäre demnach nicht größer als $1 - \alpha$. Diese Tatsache widerspricht aber der Rekurrenz von ε_i. Wenn also ε_j aus dem rekurrenten Zustand ε_i erreichbar ist, dann ist auch ε_i von ε_j aus erreichbar, d. h., es gilt $p_{ji}(N) = \beta > 0$ für eine gewisse natürliche Zahl N. Wie aus Formel (8.7) folgt, besteht für beliebige natürliche Zahlen n die Gleichung

$$P(n + M + N) = P(M) P(n) P(N) = P(N) P(n) P(M).$$

Es ergibt sich

$$p_{ii}(n + M + N) \geqq p_{ij}(M)\, p_{jj}(n)\, p_{ji}(N) = \alpha\beta\, p_{jj}(n),$$

$$p_{jj}(n + M + N) \geqq p_{ji}(N)\, p_{ii}(n)\, p_{ij}(M) = \alpha\beta p_{ii}(n).$$

Diese Ungleichungen zeigen, daß die Reihen

$$\sum_n p_{ii}(n) \quad \text{und} \quad \sum_n p_{jj}(n)$$

entweder beide konvergieren oder beide divergieren. Wegen der Bedingung (8.11) divergiert die Reihe $\sum_n p_{ii}(n)$ für den rekurrenten Zustand ε_i. Deshalb gilt auch $\sum_n p_{jj}(n) = \infty$. Also ist auch der Zustand ε_j rekurrent.

Wir formulieren dieses Ergebnis noch einmal im folgenden

Satz: *Ist der Zustand ε_j von dem rekurrenten Zustand ε_i aus erreichbar, so ist auch ε_j rekurrent und ε_i von ε_j aus erreichbar.*

Folgerung: Besitzt eine Markowsche Kette nur endlich viele Zustände, wobei jeder aus jedem anderen erreichbar ist, so sind alle diese Zustände rekurrent.

Wenn nämlich nur eine endliche Zahl von Zuständen vorhanden ist, so wird bei unbegrenzt wachsender Schrittzahl mindestens ein Zustand unendlich oft erreicht. Folglich ist mindestens ein Zustand rekurrent, und deshalb sind wegen der Voraussetzung, daß das System aus diesem Zustand mit positiver Wahrscheinlichkeit in jeden anderen übergehen kann, alle Zustände rekurrent.

Betrachten wir noch einmal die Beispiele des vorangegangenen Abschnitts.

Das Umstapeln von Büchern

Wenn wir voraussetzen, daß jedes Buch mit positiver Wahrscheinlichkeit ausgewählt wird, d. h., daß $p_i > 0$ für jedes i ($i = 1, 2, \ldots, m$) gilt, so ist jeder Zustand aus jedem anderen erreichbar. Insgesamt gibt es $m!$ verschiedene Zustände $(i_1, \ldots, i_m)$. Sie sind alle rekurrent. Gilt $p_i = 0$ für irgendein i, so sind sämtliche Zustände der Form $(i_1, \ldots, i_m)$ mit $i_1 = i$ (das i-te Buch liegt zuoberst) transient, weil das Buch mit der Nummer i nie mehr herausgezogen wird und folglich auch nicht mehr obenauf liegen kann.

Eine Aufgabe über die beste Auswahl eines Objektes

Das System geht nach einer gewissen Anzahl von Schritten, die nicht größer als m ist (m ist die Zahl der vorhandenen Objekte), in den Zustand ε_{m+1} über, in dem es für immer bleibt. Deshalb sind alle Zustände außer ε_{m+1} transient.

Irrfahrten

Wir betrachten eine Irrfahrt, bei der sich ein Teilchen auf folgende Weise in der Menge der ganzen Zahlen bewegt. Befindet es sich im Punkt i, so geht es im nächsten Schritt mit der Wahrscheinlichkeit p in den benachbarten Punkt $j = i + 1$ und mit der Wahrscheinlichkeit $q = 1 - p$ in den Punkt $j = i - 1$ über. Jeder Zustand ist aus jedem anderen erreichbar, und es gilt [vgl. Formel (6.0)]

$$p_{ii}(k) = \begin{cases} 0 & \text{für } k = 2n + 1, \\ C_{2n}^n p^n q^n & \text{für } k = 2n. \end{cases}$$

Unter Benutzung der STIRLINGschen Formel erhalten wir

$$C_{2n}^n\, p^n\, q^n = \frac{(2n)!}{(n!)^2} p^n\, q^n \sim \frac{\sqrt{4\pi\, n}\,(2n)^{2n}\, e^{-2n}}{\left(\sqrt{2\pi\, n}\, n^n\, e^{-n}\right)^2}\, p^n\, q^n$$

$$= \frac{1}{\sqrt{\pi\, n}} (4pq)^n$$

mit

$$4pq = (p+q)^2 - (p-q)^2 = 1 - (p-q)^2 \leqq 1,$$

wobei das Gleichheitszeichen nur für $p = q = \frac{1}{2}$ gilt. Damit ergibt sich (für $n \to \infty$)

$$p_{ii}(2n) \sim \frac{1}{\sqrt{\pi\, n}} (4pq)^n,$$

woraus folgt, daß die Reihen

$$\sum_n p_{ii}(2n) \quad \text{und} \quad \sum_n \frac{1}{\sqrt{\pi n}} (4\,pq)^n$$

entweder beide konvergieren oder beide divergieren. Für $p \neq q$ gilt $4pq < 1$, und deshalb konvergiert die Reihe $\sum_n p_{ii}(2n)$, also ist jeder Zustand i transient. Intuitiv ist das klar, da sich das Teilchen z. B. für $p > q$ im Mittel immer weiter in positiver Richtung fortbewegt.

Wächst bei symmetrischer Irrfahrt $\left(p = q = \frac{1}{2}\right)$ die Schrittzahl unbegrenzt, so befindet sich das Teilchen unendlich oft in jedem Zustand.

Wir betrachten jetzt eine Irrfahrt, bei der sich ein Teilchen in der Menge der nichtnegativen Zahlen bewegt. Befindet es sich im Punkt i, so gehe es im folgenden Schritt mit der Wahrscheinlichkeit p_i in den benachbarten Punkt $j = i + 1$ und mit der Wahrscheinlichkeit $q_i = 1 - p_i$ in den Nullpunkt $j = 0$ über. Wenn die Wahrscheinlichkeiten $p_i (i = 0, 1, \ldots)$ die Ungleichungen $0 < p_i < 1$ erfüllen, so ist jeder Zustand von jedem anderen aus erreichbar. Damit sind entweder alle Zustände rekurrent oder transient.

Angenommen, das Teilchen befindet sich anfangs im Punkt $i = 0$. Die Wahrscheinlichkeit dafür, daß es in keinem der n nächsten Schritte in den Anfangszustand $i = 0$ zurückkehrt, ist gleich dem Produkt $p_0 p_1 \cdots p_{n-1}$, d. h. gleich der Wahrscheinlichkeit dafür, daß das Teilchen nacheinander die Zustände $0, 1, \ldots, n$ durchläuft. Daraus ergibt sich die Wahrscheinlichkeit dafür, daß das System bei unbegrenzt wachsender Schrittzahl niemals in den Ausgangszustand $i = 0$ zurückkehrt, als unendliches Produkt

$$\prod_{k=0}^{\infty} p_k = \lim_{n \to \infty} p_0 p_1 \cdots p_n .$$

Konvergiert dieses Produkt gegen Null, gilt also $\lim\limits_{n\to\infty} p_0 p_1 \cdots p_n = 0$, so ist der Zustand $i = 0$ (und damit auch alle anderen Zustände) rekurrent. Andernfalls gilt für die Rückkehrwahrscheinlichkeit v die Beziehung

$$v = 1 - \lim_{n\to\infty} p_0 p_1 \cdots p_n < 1,$$

und der Zustand $i = 0$ (gleichzeitig auch alle übrigen) ist transient.

Zu diesem Ergebnis kann man auch auf einem anderen Wege kommen. Man betrachtet hierzu die Wahrscheinlichkeit v_k ($k = 1, 2, \ldots$) des Ereignisses, daß die erste Rückkehr in den Anfangszustand $i = 0$ nach genau k Schritten erfolgt. Ein Teilchen, daß im k-ten Schritt erstmalig in den Nullpunkt zurückkehrt, geht in den ersten $k - 1$ Schritten nacheinander vom Zustand $i - 1$ in den Zustand i ($i = 1, \ldots, k - 1$) über (diese Übergänge erfolgen jeweils mit der Wahrscheinlichkeit p_{i-1}). Deshalb gilt

$$v_1 = 1 - p_0, \; v_k = p_0 \cdots p_{k-2} (1 - p_{k-1}) \quad (k = 2, 3, \ldots).$$

Die Wahrscheinlichkeit v der Rückkehr in den Ausgangszustand $i = 0$ ist nach Definition gleich der Summe $\sum\limits_{k=1}^{\infty} v_k$. Also gilt

$$v = \sum_{k=1}^{\infty} v_k = 1 - p_0 + p_0(1 - p_1) + \cdots = 1 - \lim_{n\to\infty} \prod_{k=0}^{n} p_k.$$

8.3. Es sei eine Markowsche Kette mit endlich vielen Zuständen $\varepsilon_1, \ldots, \varepsilon_m$ gegeben, von denen jeder aus jedem anderen erreichbar ist. Außerdem gebe es eine natürliche Zahl N, so daß die Markowsche Kette mit positiver Wahrscheinlichkeit in N Schritten aus jedem Zustand ε_i in jeden anderen Zustand ε_j übergehen kann, d. h., es gelte

$$\min_{i,j} \; p_{ij}(N) = \delta > 0. \tag{8.12}$$

Satz: *Die Wahrscheinlichkeiten $p_j(n)$, mit denen sich die* Markowsche *Kette nach n Schritten im entsprechenden Zustand ε_j $(j = 1, \ldots, m)$ befindet, konvergieren für unbegrenzt wachsende Werte von n gegen gewisse Grenzwerte p_j^*:*

$$p_j^* = \lim_{n\to\infty} p_j(n). \tag{8.13}$$

Die Werte p_j^* $(j = 1, \ldots, m)$ bilden eine Wahrscheinlichkeitsverteilung, die nicht von der Anfangsverteilung abhängt. Außerdem gilt

$$\max_i |p_{ij}(n) - p_j^*| \leqq C e^{-Dn} \quad (j = 1, \ldots, m), \tag{8.14}$$

wobei C und D gewisse positive Konstanten sind.

Beweis: Mit den Bezeichnungen

$$r_j(n) = \min_i p_{ij}(n), \; R_j(n) = \max_i p_{ij}(n) \quad (j = 1, \ldots, m)$$

erhalten wir

$$r_j(n+1) = \min_i p_{ij}(n+1) = \min_i \sum_k p_{ik} p_{kj}(n)$$
$$\geqq \min_i \sum_k p_{ik} r_j(n) = r_j(n)$$

und

$$R_j(n+1) = \max_i p_{ij}(n+1) = \max_i \sum_k p_{ik} p_{kj}(n)$$
$$\leqq \max_i \sum_k p_{ik} R_j(n) = R_j(n).$$

Das führt zu der Ungleichungskette

$$r_j(1) \leqq r_j(2) \leqq \cdots \leqq r_j(n) \leqq \cdots \leqq R_j(n) \leqq \cdots$$
$$\leqq R_j(2) \leqq R_j(1).$$

Für beliebige Zustände ε_α und ε_β gilt wegen

$$\sum_{k=1}^m p_{\alpha k}(N) = \sum_{k=1}^m p_{\beta k}(N) = 1$$

die Gleichung

$$\sum_{k=1}^{m} p_{\alpha k}(N) - \sum_{k=1}^{m} p_{\beta k}(N) = \sum_{k}^{+} [p_{\alpha k}(N) - p_{\beta k}(N)] + \sum_{k}^{-} [p_{\alpha k}(N) - p_{\beta k}(N)] = 0 .$$

Dabei bedeutet das Zeichen $\sum_{k}^{+}$, daß über alle Summanden $(p_{\alpha k}(N) - p_{\beta k}(N))$ addiert wird, die positiv sind, und das Zeichen $\sum_{k}^{-}$, daß die Summation über alle negativen Ausdrücke der Form $(p_{\alpha k}(N) - p_{\beta k}(N))$ erfolgt.

Die Voraussetzung (8.12) führt zu der Ungleichung

$$\max_{\alpha, \beta} \sum_{k}^{+} [p_{\alpha k}(N) - p_{\beta k}(N)] = d < 1 .$$

Benutzen wir die erhaltenen Beziehungen, so können wir die Differenz $R_j(n) - r_j(n)$ nach oben abschätzen. Wir bekommen

$$\begin{aligned} R_j(N) - r_j(N) &= \max_{\alpha} p_{\alpha j}(N) - \min_{\beta} p_{\beta j}(N) \\ &= \max_{\alpha, \beta} [p_{\alpha j}(N) - p_{\beta j}(N)] \\ &\leqq \max_{\alpha, \beta} \sum_{k}^{+} p_{\alpha k}(N) - p_{\beta k}(N)] = d \end{aligned}$$

und

$$\begin{aligned} & R_j(n + N) - r_j(n + N) \\ &= \max_{\alpha, \beta} [p_{\alpha j}(n + N) - p_{\beta j}(n + N)] \\ &= \max_{\alpha, \beta} \sum_{k=1}^{m} [p_{\alpha k}(N) - p_{\beta k}(N)]\, p_{kj}(n) \\ &\leqq \max_{\alpha, \beta} \left\{ \sum_{k}^{+} [p_{\alpha k}(N) - p_{\beta k}(N)]\, R_j(n) + \sum_{k}^{-} [p_{\alpha k}(N) - p_{\beta k}(N)]\, r_j(n) \right\} \\ &= \max_{\alpha, \beta} \left\{ \sum_{k}^{+} [p_{\alpha k}(N) - p_{\beta k}(N)]\, [R_j(n) - r_j(n)] \right\} \\ &= d\, [R_j(n) - r_j(n)] \quad (j = 1, \ldots, m) . \end{aligned}$$

Daraus ergibt sich

$$R_j(kN) - r_j(kN) \leqq d^k \qquad (k = 1, 2, \ldots).$$

Die Folge $r_j(n)$ $(n = 1, 2, \ldots)$ ist monoton wachsend und die Folge $R_j(n)$ $(n = 1, 2, \ldots)$ monoton fallend, wobei für alle n die Ungleichung $r_j(n) \leqq R_j(n)$ gilt. Die Abschätzung $R_j(kN) - r_j(kN) \leqq d^k$ zeigt, daß diese Folgen den gleichen Grenzwert p_j^* haben:

$$p_j^* = \lim_{n\to\infty} r_j(n) = \lim_{n\to\infty} R_j(n).$$

Es gilt

$$|p_{ij}(n) - p_j^*| \leqq R_j(n) - r_j(n) \leqq d^{\frac{n}{N}-1}.$$

Für jede Anfangsverteilung p_i^0 $(i = 1, \ldots, m)$ bekommen wir

$$|p_j(n) - p_j^*| = \left|\sum_{i=1}^m p_i^0 p_{ij}(n) - p_j^*\right| = \left|\sum_{i=1}^m p_i^0 [p_{ij}(n) - p_j^*]\right|$$

$$\leqq \sum_{i=1}^m p_i^0 [R_j(n) - r_j(n)] = R_j(n) - r_j(n) \leqq d^{\frac{n}{N}-1}$$

$$(d < 1).$$

Die erhaltene Ungleichung kann in die Form (8.14) mit den entsprechenden Konstanten C und D übergeführt werden, wenn man

$$C = \frac{1}{d}, \qquad D = -\frac{1}{N} \ln d$$

setzt. Der Satz ist damit bewiesen.

Die Grenzwahrscheinlichkeiten p_j^* $(j = 1, \ldots, m)$ ergeben sich als Lösung des linearen Gleichungssystems

$$p_j^* = \sum_{i=1}^m p_i^* p_{ij} \qquad (j = 1, \ldots, m). \tag{8.15}$$

Man erhält dieses System, wenn man in den Gleichungen

$$p_j(n) = \sum_{i=1}^{m} p_i(n-1)\,p_{ij} \qquad (j = 1, \ldots, m)$$

[vgl. Formel (8.4)] den Grenzübergang $n \to \infty$ vornimmt und $\lim_{n\to\infty} p_j(n) = p_j^*$ $(j = 1, \ldots, m)$ berücksichtigt.

Wir betrachten jetzt eine MARKOWsche Kette mit den Zuständen $\varepsilon_1, \varepsilon_2, \ldots$. Die Zahlen p_i^0 $(i = 1, 2, \ldots)$ mögen den Beziehungen

$$p_i^0 \geqq 0, \qquad \sum_i p_i^0 = 1 \tag{8.16}$$

und

$$p_j^0 = \sum_i p_i^0 p_{ij} \qquad (k = 1, 2, \ldots) \tag{8.17}$$

genügen. Setzen wir p_i^0 $(i = 1, 2, \ldots)$ als Anfangsverteilung der MARKOWschen Kette ein, so erhalten wir die folgenden Wahrscheinlichkeiten $p_j(n)$ dafür, daß sich die Kette nach n Schritten in den entsprechenden Zuständen ε_j befindet:

$$p_j(1) = \sum_i p_i^0 p_{ij} = p_j^0,$$

$$p_j(2) = \sum_i p_i(1)\,p_{ij} = \sum_i p_i^0 p_{ij} = p_j^0,$$

$$\cdots\cdots\cdots\cdots\cdots$$

Die Wahrscheinlichkeiten $p_j(n)$ bleiben also für alle n $(n = 1, 2, \ldots)$ unverändert:

$$p_j(n) = p_j^0 \qquad (j = 1, 2, \ldots). \tag{8.18}$$

Eine MARKOWsche Kette heißt *stationär*, wenn die Wahrscheinlichkeiten $p_j(n)$ $(j = 1, 2, \ldots)$ in Abhängigkeit von n konstant sind; die entsprechende Wahrscheinlichkeitsverteilung $p_j^0 = p_j(n)$ $(j = 1, 2, \ldots)$ heißt ebenfalls *stationär*. Wegen Formel (8.4) ist eine Wahrscheinlichkeitsverteilung p_j^0 $(j = 1, 2, \ldots)$ genau dann (bezüglich der betrachteten MARKOWschen Kette) stationär, wenn sie eine Lösung des Gleichungssystems (8.17) ist.

Existieren die Grenzwahrscheinlichkeiten $p_j^* = \lim\limits_{n\to\infty} p_j(n)$, und sind sie unabhängig von der Anfangsverteilung, dann ist die stationäre Verteilung eindeutig bestimmt und identisch mit der Grenzverteilung p_j^* $(j = 1, 2, \ldots)$.

Die erhaltenen Ergebnisse sind für den Fall endlich vieler Zustände im folgenden Satz zusammengefaßt.

Satz: *Unter der Bedingung* (8.12) *bilden die Grenzwahrscheinlichkeiten* p_j^* $(j = 1, \ldots, m)$ *die einzige Lösung des linearen Gleichungssystems* (8.15), *die den zusätzlichen Forderungen* $p_j^* \geqq 0$ *und* $\sum\limits_{j=1}^{m} p_j^* = 1$ *genügt. Die Grenzverteilung* p_j^* $(j = 1, \ldots, m)$ *stellt eine stationäre Wahrscheinlichkeitsverteilung dar.*

Wir betrachten noch einmal einige bereits in vorangegangenen Abschnitten behandelte Beispiele (vgl. Abschnitte 8.1 und 8.2).

Das Umstapeln von Büchern

Die in Abschnitt 8.1 durchgeführten Rechnungen zeigen, daß für $m = 2$ die stationäre Wahrscheinlichkeitsverteilung schon nach dem ersten Schritt vorliegt. Es gilt nämlich

$$p_1(n) = p_1, \quad p_2(n) = p_2$$

für alle $n = 1, 2, \ldots$ und beliebige Anfangsverteilungen.

Es sei m wieder eine beliebige natürliche Zahl. Wir bezeichnen mit $p_{(i_1,\ldots,i_m),(j_1,\ldots,j_m)}$ die Wahrscheinlichkeit des Überganges vom Zustand $(i_1, \ldots, i_m)$ in den Zustand

$(j_1, \ldots, j_m)$. Wie bereits gezeigt wurde, gilt

$$p_{(i_1,\ldots,i_m),(j_1,\ldots,j_m)} = \begin{cases} p_{i_k} \text{ für } (j_1, \ldots, j_m) \\ \qquad = (i_k, i_1, \ldots), \\ 0 \text{ für die übrigen } (j_1, \ldots, j_m), \end{cases}$$

wobei man die Permutation $(i_k, i_1, \ldots)$ aus $(i_1, \ldots, i_m)$ dadurch erhält, daß man das Element i_k von der k-ten an die erste Stelle setzt.

Die Grenzwahrscheinlichkeiten $p^*(j_1, \ldots, j_m)$ bilden die Lösung des linearen Gleichungssystems

$$p^*(j_1, \ldots, j_m) = p_{j_1} \sum_{k=1}^{m} p^*(j_2, \ldots, j_{k-1}, j_1, j_k, \ldots).$$

Nach einer hinreichend großen Zahl von Schritten bildet sich praktisch eine stationäre Wahrscheinlichkeitsverteilung heraus, d. h., der Stapel Bücher befindet sich mit konstanten Wahrscheinlichkeiten $p^*(i_1, \ldots, i_m)$ in den entsprechenden Zuständen $(i_1, \ldots, i_m)$. Nunmehr hat auch die Frage einen Sinn, wie groß die Wahrscheinlichkeit dafür ist, daß ein bestimmtes der vorhandenen Bücher obenauf liegt.

Die Wahrscheinlichkeit p_i^* dafür, daß sich das Buch mit der Nummer i oben befindet, ergibt sich zu

$$p_i^* = \sum_{i_2,\ldots,i_m} p^*(i, i_2, \ldots, i_m),$$

wobei die Summation über alle Zustände erfolgt, bei denen an der ersten Stelle i steht.

Aus dem Gleichungssystem für die Grenzwahrscheinlichkeiten erhalten wir

$$\begin{aligned} p_i^* &= \sum_{i_2,\ldots,i_m} p_i \sum_{k} p^*(i_2, \ldots, i_{k-1}, i, i_k, \ldots) \\ &= p_i \sum_{i_1,\ldots,i_m} p^*(i_1, \ldots, i_m) = p_i \quad (i = 1, \ldots, m), \end{aligned}$$

d. h., die Grenzwahrscheinlichkeit p_i^* dafür, daß das Buch mit der Nummer i obenauf liegt, ist gleich der Wahrscheinlichkeit p_i, mit der dieses Buch ausgewählt wird. Je häufiger ein bestimmtes Buch entnommen wird, desto größer ist also die Wahrscheinlichkeit dafür, daß es obenauf liegt.

Irrfahrten

Ein Teilchen bewege sich schrittweise in der Menge der ganzen Zahlen. Befindet es sich im Punkt i, so gehe es mit der Wahrscheinlichkeit p, die unabhängig von i sein soll, in den Punkt $i + 1$ und mit der Wahrscheinlichkeit q in $i - 1$ über.

Für $p < q$ bzw. $p > q$ verschiebt sich das Teilchen im Laufe der Zeit immer weiter in negativer bzw. positiver Richtung. Im Fall $p = q$ liefert die Wahrscheinlichkeit $p_i(n)$ dafür, daß sich das Teilchen nach dem n-ten Schritt im Punkt i befindet, beim Grenzübergang $n \to \infty$ den Wert 0, obwohl das Teilchen bei unbegrenzt wachsender Schrittzahl unendlich oft in jeden Zustand zurückkehrt (vgl. Abschnitt 8.2).

Abschließend beschäftigen wir uns mit der Irrfahrt, bei der das Teilchen mit der Wahrscheinlichkeit p_i aus dem Punkt i in den Nachbarpunkt $j = i + 1$ und mit der Wahrscheinlichkeit $q_i = 1 - p_i$ in den Punkt $j = 0$ übergeht.

Sind alle Zustände transient, gilt also

$$\lim_{n \to \infty} p_0 p_1 \cdots p_n = 1 - v > 0$$

(vgl. Abschnitt 8.2), so wird sich das Teilchen mit Wahrscheinlichkeit 1 bei unbegrenzt wachsender Schrittzahl immer weiter in positive Richtung entfernen. Deshalb kann es keine stationäre Verteilung geben.

Eine Wahrscheinlichkeitsverteilung ist genau dann stationär, wenn sie dem Gleichungssystem (8.17) genügt. In unserem Fall hat dieses System die folgende Gestalt:

$$p_j^0 = p_{j-1}^0 p_{j-1} \qquad (j = 1, 2, \ldots),$$

woraus sich

$$p_1^0 = p_0^0 p_0, \; p_2^0 = p_0^0 p_0 p_1, \ldots, p_n^0 = p_0^0 p_0 \cdots p_{n-1}, \ldots$$

ergibt. Man erkennt, daß eine stationäre Verteilung $p_n^0 (n = 0, 1, 2, \ldots)$ genau dann existiert, wenn die Reihe

$$\sum_{n=0}^{\infty} p_0 p_1 \cdots p_n$$

konvergiert. In diesem Fall gilt

$$p_0^0 = \frac{1}{1 + p_0 + p_0 p_1 + \cdots}, \quad p_n^0 = \frac{p_0 p_1 \cdots p_{n-1}}{1 + p_0 + p_0 p_1 + \cdots}$$
$$(n = 1, 2, \ldots).$$

9. Markowsche Prozesse mit endlich oder abzählbar unendlich vielen Zuständen, die Kolmogorowschen Differentialgleichungen, Grenzverteilungen

9.1. Ähnlich wie im Fall Markowscher Ketten (vgl. Abschnitt 8) werden wir ein System betrachten, das im Verlaufe der Zeit seinen Zustand wechselt. Die Änderungen sollen nicht mehr schrittweise erfolgen, sondern zu beliebigen Zeitpunkten möglich sein. Wir nehmen wieder an, daß höchstens endlich oder abzählbar unendlich viele Zustände $\varepsilon_1, \varepsilon_2, \ldots$ auftreten können. Mit $\xi(t)$ bezeichnen wir den Zustand des Systems zur Zeit t. Das zeitliche Verhalten des betrachteten Systems wird somit durch die Funktion $\xi(t)$ beschrieben.

Das System unterliege zufälligen Einflüssen; das bedeutet, daß $\xi(t)$ für jeden Wert von t eine Zufallsgröße ist. Es gelte folgende Gesetzmäßigkeit: Befindet sich das System zu irgendeinem Zeitpunkt s im Zustand ε_i, so geht es, unabhängig von seinem bisherigen Verhalten, während der Zeit t mit der Wahrscheinlichkeit $p_{ij}(t)$ in den Zustand ε_j über:

$$p_{ij}(t) = \mathsf{P}\{\xi(s+t) = \varepsilon_j \mid \xi(s) = \varepsilon_i\} \qquad (i, j = 1, 2, \ldots). \tag{9.0}$$

Das beschriebene Modell heißt ein *homogener* MARKOW*scher Prozeß*, und die Wahrscheinlichkeiten p_{ij} nennt man die *Übergangswahrscheinlichkeiten des Prozesses.* Außer ihnen spielt noch die sogenannte Anfangsverteilung

$$p_i^0 = \mathsf{P}\{\xi(0) = \varepsilon_i\} \qquad (i = 1, 2, \ldots) \tag{9.1}$$

eine Rolle.

Unter $p_j(t)$ verstehen wir die Wahrscheinlichkeit dafür, daß sich das System zur Zeit t im Zustand ε_j befindet:

$$p_j(t) = \mathsf{P}\{\xi(t) = \varepsilon_j\} \qquad (j = 1, 2, \ldots). \tag{9.2}$$

Setzen wir

$$p_{ij}(0) = \begin{cases} 1 \text{ für } i = j \\ 0 \text{ für } i \neq j \end{cases} \qquad (i, j = 1, 2, \ldots), \tag{9.3}$$

so läßt sich mittels einer einfachen Rechnung [vgl. (8.5) und (8.6)] nachweisen, daß die Gleichungen

$$\begin{aligned} p_j(t) &= \sum_i p_i^0 p_{ij}(t) \qquad (j = 1, 2, \ldots), \\ p_{ij}(s+t) &= \sum_k p_{ik}(s)\, p_{kj}(t) \qquad (i, j = 1, 2, \ldots) \end{aligned} \tag{9.4}$$

für beliebige Werte $s \geqq 0$ und $t \geqq 0$ gelten.

Der MARKOWsche Prozeß $\xi(t)$ befinde sich zur Zeit $t = t_0$ im Zustand ε. Nach einer gewissen, vom Zufall abhängenden Zeitspanne τ geht der Prozeß in einen anderen Zustand über. Wie groß ist die Wahrscheinlichkeit dafür, daß dieser Übergang erst nach Verstreichen der Zeit t erfolgt?

Wir führen eine neue Bezeichnung ein:

$$\varphi(t) = \mathsf{P}\{\tau > t\} \qquad (t \geqq 0).$$

Unter der Bedingung, daß $\tau > s$ gilt, befindet sich der Prozeß zum Zeitpunkt $t_0 + s$ immer noch im Zustand ε, und sein weiteres Verhalten ist wegen (9.0) den gleichen Gesetzen wie im Fall $s = 0$ unterworfen. Insbesondere ist die Wahrscheinlichkeit des Ereignisses $\{\tau > s + t\}$ unter der Bedingung, daß $\tau > s$ gilt, gleich $\varphi(t)$:

$$\mathsf{P}\{\tau > s + t \mid \tau > s\} = \varphi(t).$$

Unter Ausnutzung der Formel für die totale Wahrscheinlichkeit erhalten wir

$$\begin{aligned}\mathsf{P}\{\tau > s + t\} &= \mathsf{P}\{\tau > s + t \mid \tau > s\}\,\mathsf{P}\{\tau > s\}\\ &= \varphi(t)\,\varphi(s).\end{aligned}$$

Für die Funktion φ bedeutet das

$$\varphi(s + t) = \varphi(s)\,\varphi(t) \qquad (s, t \geqq 0),$$

woraus sich

$$\ln \varphi(s + t) = \ln \varphi(s) + \ln \varphi(t) \qquad (s, t \geqq 0)$$

ergibt.

Die Funktion $\ln \varphi(t)$ ist also linear[1]). Daraus folgt, daß für eine gewisse nichtnegative Konstante λ

$$\ln \varphi(t) = -\lambda t \qquad (t \geqq 0)$$

gilt. Die gesuchte Wahrscheinlichkeit ergibt sich damit zu

$$\mathsf{P}\{\tau > t\} = e^{-\lambda t} \qquad (t \geqq 0). \tag{9.5}$$

---

[1]) Vgl. z. B. W. Feller, An introduction to probability theory and its applications, Vol. 1, 2nd edition, New York/London 1957.

Der Parameter λ heißt *Übergangsintensität* aus dem entsprechenden Zustand ε. Gilt $\lambda = 0$, so bleibt der Prozeß $\xi(t)$ für immer in ε. Für $\lambda > 0$ ist die Wahrscheinlichkeit dafür, daß der Prozeß den Zustand ε während eines kleinen Zeitintervalls Δt verläßt, gleich

$$1 - \varphi(\Delta t) = \lambda \Delta t + o(\Delta t). \tag{9.6}$$

[Das Symbol $o(\Delta t)$ bezeichnet eine Größe, die im Vergleich zu Δt von höherer Ordnung klein ist, d. h., für die $\lim\limits_{\Delta t \to 0} \frac{o(\Delta t)}{\Delta t} = 0$ gilt.]

Die Wahrscheinlichkeitsverteilung der Zufallsgröße τ, d. h. der Zeit, die bis zum Übergang in einen neuen Zustand verstreicht, ergibt sich zu

$$\mathsf{P}\{t_1 \leqq \tau \leqq t_2\} = \varphi(t_1) - \varphi(t_2) = \int_{t_1}^{t_2} \lambda e^{-\lambda t}\, dt \tag{9.7}$$

für alle $t_1, t_2 \geqq 0$. Es handelt sich um eine sogenannte *Exponentialverteilung*. Die Dichte $p_\tau(t)$ dieser Verteilung hat die Form

$$p_\tau(t) = \begin{cases} \lambda e^{-\lambda t} & \text{für } t \geqq 0, \\ 0 & \text{für } t < 0. \end{cases}$$

Der Erwartungswert $\mathsf{M}\tau$ der Zufallsgröße τ, also die mittlere Zeit zwischen zwei aufeinanderfolgenden Zustandsänderungen, erhält man aus der Formel

$$\mathsf{M}\tau = \int_0^\infty t p_\tau(t)\, dt = \frac{1}{\lambda}. \tag{9.8}$$

Modell eines radioaktiven Zerfalls

Bei dem oben beschriebenen wahrscheinlichkeitstheoretischen Modell des radioaktiven Zerfalls — der Umwandlung von Radium (Ra) in Radon (Rn) (vgl. Abschnitt 6.1) — handelt es sich um einen homogenen MARKOWschen Prozeß mit zwei Zuständen (jedes Atom hat entweder die Form Ra oder Rn) und nur einem möglichen Übergang Ra → Rn.

Die Wahrscheinlichkeit dafür, daß ein Atom Ra während der Zeit t in ein Atom Rn übergeht, wurde oben mit $p(t)$ bezeichnet. Wir hatten bewiesen, daß, wenn zum Ausgangszeitpunkt $t = 0$ gerade n_0 Radiumatome vorhanden sind, die Zahl $\xi(t)$ der während der Zeit t ausgesandten α-Teilchen eine POISSONsche Verteilung mit dem Parameter $a = n_0 p(t)$ besitzt:

$$\mathsf{P}\{\xi(t) = k\} = \frac{a^k}{k!} e^{-a} \qquad (k = 0, 1, \ldots).$$

Nach Formel (9.5) gilt für die Wahrscheinlichkeit $p(t)$, daß sich ein bestimmtes Radiumatom der Zeitspanne t in ein Radonatom verwandelt,

$$p(t) = 1 - e^{-\lambda t} \qquad (t \geqq 0).$$

Der Wert λ ist die entsprechende Intensität des Überganges Ra → Rn für ein einzelnes Atom. Die Wahrscheinlichkeit dafür, daß sich während eines kleinen Zeitintervalls der Länge Δt ein bestimmtes Radiumatom in ein Radonatom verwandelt, ist deshalb gleich

$$\lambda \Delta t + o(\Delta t).$$

Ist die Zahl der während der Zeit t ausgesandten α-Teilchen gleich $\xi(t)$, so sind zur Zeit t noch $n_0 - \xi(t)$ Radiumatome vorhanden. Im Mittel sind das

$$n(t) = \mathsf{M}[n_0 - \xi(t)] = n_0 - n_0 p(t) = n_0 e^{-\lambda t} \quad (t \geqq 0)$$

Atome.

Der exponentielle Charakter der Funktion $n(t)$ besagt insbesondere, daß die Zeit T, während der im Mittel die Hälfte der Ausgangsmenge Radium zerfällt, eine stoffliche Konstante darstellt. Sie wird aus der Gleichung

$$n(T) = \frac{1}{2} n_0$$

berechnet und als Halbwertszeit des Radiums bezeichnet. Unter Benutzung der Definition von $n(t)$ kann man leicht nachweisen, daß T mit der Intensität des Überganges Ra → Rn durch die Formel

$$T = \frac{\ln 2}{\lambda}$$

zusammenhängt.

9.2. Es sei $\xi(t)$ ein Markowscher Prozeß mit den Übergangswahrscheinlichkeiten $p_{ij}(t)$ $(i, j = 1, 2, \ldots)$.

Ferner sei vorausgesetzt, daß die Übergangswahrscheinlichkeiten $p_{ij}(t)$ den Bedingungen

$$\begin{aligned} 1 - p_{ii}(\Delta t) &= \lambda_i \Delta t + o(\Delta t), \\ p_{ij}(\Delta t) &= \lambda_{ij} \Delta t + o(\Delta t) \quad (i \neq j,\ i, j = 1, 2, \ldots) \end{aligned} \tag{9.9}$$

genügen. Hierbei ist λ_i die Intensität des Überganges aus dem Zustand ε_i und λ_{ij} die sogenannte Übergangsintensität von ε_i in ε_j. Wir definieren

$$\lambda_{ii} = -\lambda_i \qquad (i = 1, 2, \ldots).$$

Satz: *Die Übergangswahrscheinlichkeiten* $p_{ij}(t)$ *eines* Markowschen *Prozesses mit endlich vielen Zuständen genügen den Differentialgleichungen*

$$p'_{ij}(t) = \sum_k \lambda_{ik} p_{kj}(t) \tag{9.10}$$

und

$$p'_{ij}(t) = \sum_k p_{ik}(t)\, \lambda_{kj} \qquad (i, j = 1, 2, \ldots) \tag{9.11}$$

mit den Anfangsbedingungen (9.3).

Die Gleichungen (9.10) und (9.11) heißen KOLMOGOROWsche *Differentialgleichungen*. Man nennt (9.10) das 1. (oder *Rückwärts-*) *System* und (9.11) das 2. (oder *Vorwärts-*) *System der* KOLMOGOROW*schen Differentialgleichungen*.

Beweis: Nach Formel (9.4) gilt

$$p_{ij}(t + \Delta t) = \sum_k p_{ik}(\Delta t)\, p_{kj}(t) = \sum_k p_{ik}(t)\, p_{kj}(\Delta t).$$

Durch Ausnutzung der asymptotischen Ausdrücke (9.9) erhalten wir

$$\frac{p_{ij}(t+\Delta t) - p_{ij}(t)}{\Delta t} = \sum_k \left[\lambda_{ik} + \frac{o(\Delta t)}{\Delta t}\right] p_{kj}(t)$$
$$= \sum_k p_{ik}(t) \left[\lambda_{kj} + \frac{o(\Delta t)}{\Delta t}\right].$$

Die rechten Seiten dieser Gleichungen besitzen für $\Delta t \to 0$ bestimmte Grenzwerte

$$\lim_{\Delta t \to 0} \sum_k \left[\lambda_{ik} + \frac{o(\Delta t)}{\Delta t}\right] p_{kj}(t) = \sum_k \lambda_{ik} p_{kj}(t),$$

$$\lim_{\Delta t = 0} \sum_k p_{ik}(t) \left[\lambda_{kj} + \frac{o(\Delta t)}{\Delta t}\right] = \sum_k p_{ik}(t)\, \lambda_{kj}.$$

Folglich existiert auch der Grenzwert

$$\lim_{\Delta t \to 0} \frac{p_{ij}(t+\Delta t) - p_{ij}(t)}{\Delta t} = p'_{ij}(t).$$

Durch Zusammenfassen der gewonnenen Beziehungen ergeben sich die Gleichungen (9.10) und (9.11). Damit ist der Satz bewiesen.

Die angegebenen Differentialgleichungen für die Übergangswahrscheinlichkeiten $p_{ij}(t)$ gelten nicht nur für den Fall endlich vieler Zustände, sondern unter gewissen zu sätzlichen Einschränkungen auch, wenn abzählbar unendlich viele Zustände möglich sind. Der Beweis kann in diesem Fall genau wie oben geführt werden, wenn man von den in (9.9) auftretenden Restgliedern $o(\Delta t)$ voraussetzt, daß sie die Bedingung

$$\lim_{\Delta t=0} \frac{o(\Delta t)}{\Delta t} = 0$$

gleichmäßig bezüglich i und j erfüllen.

Die Gleichungen (9.10) gelten, sobald die Reihe $\sum_{j\neq i} \lambda_{ij}$ konvergiert und der Bedingung

$$\sum_{j\neq i} \lambda_{ij} = \lambda_i \tag{9.12}$$

genügt. Sind die Übergangsintensitäten λ_{ij} bei festem j gleichmäßig beschränkt,

$$\lambda_{ij} \leqq L < \infty \quad (i = 1, 2, \ldots), \tag{9.13}$$

so gelten die Differentialgleichungen (9.11).

Der Poissonsche Prozeß

In Abschnitt 7.1 wurde ein Beispiel für einen Strom von Forderungen, der in ein gewisses Bedienungssystem eintritt, betrachtet. Die dortige Untersuchung zeigte, daß der Forderungsstrom $\xi(t)$ ($\xi(t)$ bezeichnet die Anzahl der Forderungen, die während der Zeit t gestellt werden) ein MARKOWscher Prozeß ist, dessen Zustände durch die ganzen nichtnegativen Zahlen $0, 1, 2, \ldots$ beschrieben werden können.

Aus dem Zustand i kann der Prozeß unmittelbar nur in den nächsten Zustand $j = i + 1$ ($i = 1, 2, \ldots$) gelangen; die Übergangsintensitäten λ_{ij} sind durch

$$\lambda_{ij} = \begin{cases} \lambda & \text{für} \quad j = i + 1, \\ 0 & \text{für} \quad j \neq i + 1, \quad i = 0, 1, 2, \ldots \end{cases}$$

gegeben.

Für die Übergangswahrscheinlichkeiten $p_{ij}(t)$ gelten die Differentialgleichungen (9.11). Weil λ_{ij} nur von $j-i$ abhängt, folgt $p_{ij}(t) = p_{0,j-i}(t)$. Wir definieren

$$p_j(t) = p_{0j}(t) \qquad (j = 0, 1, 2, \ldots).$$

Die erwähnten Differentialgleichungen für die Funktionen $p_j(t)$ besitzen folgende Form:

$$p_0'(t) = -\lambda p_0(t),$$
$$p_k'(t) = \lambda p_{k-1}(t) - \lambda p_k(t) \qquad (k = 1, 2, \ldots).$$

Nach Übergang zu neuen Funktionen $f_k(t) = e^{\lambda t} p_k(t)$ erhalten wir

$$f_0'(t) = \lambda f_0(t) + e^{\lambda t} p_0'(t) = \lambda f_0(t) - \lambda e^{\lambda t} p_0(t) = 0,$$
$$f_k'(t) = \lambda f_k(t) + e^{\lambda t} p_k'(t)$$
$$= \lambda f_k(t) + \lambda e^{\lambda t} p_{k-1}(t) - \lambda e^{\lambda t} p_k(t) = \lambda f_{k-1}(t)$$
$$(k = 1, 2, \ldots)$$

mit

$$f_0(0) = 1 \quad \text{und} \quad f_k(0) = 0 \qquad (k = 1, 2, \ldots).$$

Das Differentialgleichungssystem

$$f_0'(t) = 0, \quad f_k'(t) = \lambda f_{k-1}(t) \qquad (k = 1, 2, \ldots)$$

mit den angegebenen Anfangsbedingungen hat, wie man durch sukzessives Einsetzen leicht nachprüfen kann, die Lösung

$$f_0(t) = 1, \quad f_1(t) = \lambda t, \quad \ldots, \quad f_n(t) = \frac{(\lambda t)^n}{n!}, \quad \ldots.$$

Für die Funktionen $p_k(t) = e^{-\lambda t} f_k(t)$ erhalten wir daraus

$$p_k(t) = \frac{(\lambda t)^k}{k!} e^{-\lambda t} \qquad (k = 0, 1, 2, \ldots).$$

Ein Bedienungssystem mit exponentiell verteilter Bedienungszeit

Angenommen, in ein Bedienungssystem tritt ein Forderungsstrom ein, der die folgenden Eigenschaften besitzt: Die verschiedenen Forderungen kommen unabhängig voneinander an, die Wahrscheinlichkeit für das Eintreffen einer Forderung während eines kleinen Zeitintervalles der Länge Δt ist $\lambda_0 \Delta t + o(\Delta t)$, und die Wahrscheinlichkeit dafür, daß in einem kleinen Zeitintervall mit der Länge Δt mehr als eine Forderung ankommt, ist von höherer Ordnung klein als Δt. Man spricht in diesem Fall von einem POISSONschen Forderungsstrom mit dem Parameter λ_0. Die für die Bedienung einer einzelnen Forderung notwendige Zeit τ hänge vom Zufall ab und habe eine Exponentialverteilung mit dem Parameter λ_1, d. h., es gelte

$$\mathsf{P}\{\tau > t\} = e^{-\lambda_1 t}.$$

Das Bedienungssystem kann zwei Zustände annehmen, nämlich ε_0, „Das System ist frei", und ε_1, „Das System ist beschäftigt". Während das System beschäftigt ist, soll jede eintretende Forderung abgewiesen werden.

Wir nehmen an, das System befindet sich zur Zeit t_0 im Zustand ε_0. Weil die Forderungen unabhängig voneinander eintreffen, hängt sein weiteres Verhalten nicht von Ereignissen ab, die vor t_0 eingetreten sind. Insbesondere geht es während der Zeit Δt mit der Wahrscheinlichkeit $\lambda_0 \Delta t + o(\Delta t)$ in den Zustand ε_1 über.

Wir setzen nun voraus, daß sich das System zur Zeit t_1 im Zustand ε_1 befindet. Wenn man mit τ_1 den vom Zufall abhängenden Zeitpunkt des Überganges von ε_1 in ε_0 (den Zeitpunkt der Beendigung der Bedienung) bezeichnet, dann genügt die Zufallsgröße τ_1, weil die Bedienungszeit exponentiell verteilt ist, der Gleichung

$$\mathsf{P}\{\tau_1 > t \mid \tau_1 > t_1\} = e^{-\lambda_1(t-t_1)} \qquad (t > t_1).$$

Wann der Übergang in ε_0 erfolgt, hängt nicht von Ereignissen ab, die vor dem Zeitpunkt t_1 stattgefunden haben. Insbesondere geht das System in dem auf den Zeitpunkt t_1 folgenden Zeitintervall der Länge Δt mit der Wahrscheinlichkeit $\lambda_1 \Delta t + o(\Delta t)$ in den Zustand ε_0 über.

Das zeitliche Verhalten des Systems wird also durch einen MARKOWschen Prozeß mit zwei Zuständen ε_0, ε_1 und mit den entsprechenden Übergangsintensitäten λ_0 und λ_1 beschrieben.

Es seien $p_{ij}(t)$ die zu diesem MARKOWschen Prozeß gehörenden Übergangswahrscheinlichkeiten. In dem betrachteten Fall gilt $p_{01}(t) = 1 - p_{00}(t)$, $p_{10}(t) = 1 - p_{11}(t)$, und die Differentialgleichungen (9.11) lauten

$$p'_{00}(t) + (\lambda_0 + \lambda_1) p_{00}(t) = \lambda_1,$$

$$p'_{11}(t) + (\lambda_0 + \lambda_1) p_{11}(t) = \lambda_0.$$

Daraus ergibt sich

$$p_{00}(t) = \left(1 - \frac{\lambda_1}{\lambda_0 + \lambda_1}\right) e^{-(\lambda_0+\lambda_1)t} + \frac{\lambda_1}{\lambda_0 + \lambda_1},$$

$$p_{11}(t) = \left(1 - \frac{\lambda_0}{\lambda_0 + \lambda_1}\right) e^{-(\lambda_0+\lambda_1)t} + \frac{\lambda_0}{\lambda_0 + \lambda_1}.$$

9.3. Wir betrachten in diesem Abschnitt einen MARKOWschen Prozeß mit endlich vielen Zuständen $\varepsilon_1, \ldots, \varepsilon_m$. Jeder dieser Zustände sei von einem beliebigen anderen aus erreichbar.

Satz: *Die Wahrscheinlichkeiten $p_j(t)$, mit denen sich das System nach der Zeit t im Zustand ε_j befindet* ($j = 1, \ldots, m$), *konvergieren, wenn t unbegrenzt wächst, gegen gewisse Grenzwerte p_j^*:*

$$p_j^* = \lim_{t \to \infty} p_j(t) \qquad (j = 1, \ldots, m). \tag{9.14}$$

Die Grenzwahrscheinlichkeiten p_j^* hängen nicht von der Anfangsverteilung des Prozesses ab. Außerdem gilt

$$\max_i |p_{ij}(t) - p_j^*| \leqq Ce^{-Dt}, \tag{9.15}$$

wobei C und D gewisse positive Konstanten sind.

Der Beweis verläuft völlig analog zum Fall der Markowschen Ketten (s. Formel (8.14)). Weil t nicht mehr nur diskrete Zeitpunkte durchläuft, sondern sich stetig verändert, ist die früher vorausgesetzte Bedingung (8.12) automatisch erfüllt, und zwar gilt sogar

$$\min_{i,j} p_{ij}(t) = \delta(t) > 0 \tag{9.16}$$

für beliebige $t > 0$.

Zum Beweis von (9.16) betrachten wir zunächst die Wahrscheinlichkeit $p_{ii}(t)$. Sie ist als Funktion von t stetig und genügt der Gleichung $p_{ii}(0) = 1$. Für hinreichend kleine Werte von t ist sie also positiv. Aus (9.4) folgt, daß für beliebige nichtnegative Zahlen s und t die Ungleichung

$$p_{ii}(s + t) \geqq p_{ii}(s)\, p_{ii}(t)$$

erfüllt ist. Daraus ergibt sich $p_{ii}(t) > 0$ für alle $t > 0$. Der Zustand ε_j ist vom Zustand ε_i aus erreichbar, d. h., es gilt $p_{ij}(s) > 0$ für ein gewisses $s > 0$. Wir werden zeigen, daß $p_{ij}(t) > 0$ für beliebige $t > 0$ erfüllt ist. Dazu benutzen wir die Ungleichung

$$p_{ij}(t) \geqq p_{ij}(u)\, p_{jj}(t - u) \quad (u \leqq t).$$

Wie bereits gezeigt wurde, ist $p_{jj}(t - u)$ stets positiv, so daß es genügt, die Ungleichung $p_{ij}(u) > 0$ für ein gewisses $u \leqq t$ nachzuweisen. Nach Voraussetzung haben wir $p_{ij}(s) > 0$. Wir betrachten eine Markowsche Kette mit den Zuständen $\varepsilon_1, \ldots, \varepsilon_m$ und den Übergangswahrscheinlichkeiten $p_{ij} = p_{ij}\left(\frac{s}{n}\right)$, wobei die natürliche Zahl n so gewählt ist, daß sie die Ungleichung $n > m\frac{s}{t}$ erfüllt. Wegen $p_{ij}\left(n\frac{s}{n}\right) > 0$ ist der Zustand ε_j von ε_i aus erreichbar. Man sieht leicht, daß er nicht erst in n Schritten, sondern bereits während n_0 $(n_0 \leqq m)$ Schritten erreicht werden kann. Das bedeutet $p_{ij}\left(n_0\frac{s}{n}\right) > 0$. Wir setzen $n_0\frac{s}{n} = u$. Dann gilt $p_{ij}(u) > 0$ und $u \leqq t$. Weil i und j nur endlich viele Werte annehmen können, erhalten wir

$$\min_{i,j} p_{ij}(t) > 0 \qquad (t > 0).$$

Damit ist (9.16) bewiesen.

Wir zeigen nun, daß die Grenzwahrscheinlichkeiten p_i^* $(i = 1, 2, \ldots)$ eine stationäre Verteilung bilden: Setzt man sie als Anfangsverteilung ein, dann sind die Wahrscheinlichkeiten $p_j(t)$, mit denen sich das System nach der Zeit t in den entsprechenden Zuständen ε_j befindet, zeitlich konstant. Es gilt also

$$p_j(t) \equiv p_j^* \quad \text{für} \quad p_j^0 = p_j^* \qquad (j = 1, 2, \ldots). \tag{9.17}$$

Zum Beweis der Stationarität von p_i^* $(i = 1, 2, \ldots)$ benutzen wir die zweite Gleichung von (9.4). Durch den Grenzübergang $s \to \infty$ geht sie in die Beziehung

$$p_j^* = \sum_k p_k^* p_{kj}(t) \qquad (j = 1, 2, \ldots) \tag{9.18}$$

über. Setzt man p_i^* $(i = 1, 2, \ldots)$ als Anfangsverteilung des Prozesses ein, so ist die rechte Seite von (9.18) wegen der ersten Gleichung von (9.4) gleich der Wahrscheinlichkeit $p_j(t)$. Daraus folgt (9.17), also die Stationarität der Grenzverteilung p_i^* $(i = 1, 2, \ldots)$.

Bildet man auf beiden Seiten der Gleichung (9.18) den Differentialquotienten an der Stelle $t = 0$, so erhält man für die Wahrscheinlichkeiten p_j^* die Beziehung

$$\sum_k p_k^* \lambda_{kj} = 0 \qquad (j = 1, 2, \ldots), \tag{9.19}$$

wobei λ_{kj} die Übergangsintensitäten des betrachteten MARKOWschen Prozesses sind.

Ein Bedienungssystem, die Erlangsche Formel

Wir betrachten ein Bedienungssystem mit m Bedienungsgeräten. Jedes Gerät kann nicht mehr als eine Forderung gleichzeitig abfertigen. Das System kann also höchstens m Forderungen gleichzeitig bedienen. Jede ankommende Forderung betrete eines der Geräte, vorausgesetzt, daß eins frei ist. Andernfalls wird die eintreffende Forderung abgewiesen und verläßt das Bedienungssystem.

Der Forderungsstrom sei POISSONsch mit dem Parameter λ_0, und die Bedienungszeit jeder Forderung (auf jedem der m Geräte) besitze eine Exponentialverteilung mit dem Parameter λ.

Das Bedienungssystem kann die Zustände $\varepsilon_0, \varepsilon_1, \ldots, \varepsilon_m$ annehmen, wobei es sich im Zustand ε_k befindet, wenn k Bedienungsgeräte besetzt sind. Insbesondere bedeutet ε_0, daß das System frei, und ε_m, daß es vollständig besetzt ist. Die Übergänge des Systems von einem Zustand in einen anderen bilden in Abhängigkeit von der Zeit einen MARKOWschen Prozeß, dessen Übergangsintensitäten die Form

$$\lambda_{0j} = \begin{cases} \lambda_0 \text{ für } j = 1, \\ \\ 0 \text{ für } j \neq 1, \end{cases} \qquad \lambda_{kj} = \begin{cases} k\lambda \text{ für } j = k - 1, \\ \lambda_0 \text{ für } j = k + 1, \\ 0 \text{ für } j \neq k - 1, k + 1 \end{cases}$$

besitzen.

Der Übergang von ε_k in ε_{k+1} wird realisiert, wenn eine einzelne Forderung eintrifft. Das geschieht während der Zeit Δt mit der Wahrscheinlichkeit $\lambda_0 \Delta t + o(\Delta t)$. Die Wahrscheinlichkeit dafür, daß keines von k besetzten Geräten während der Zeit Δt frei wird, beträgt $(1 - \lambda \Delta t - o(\Delta t))^k$ (da die Forderungen unabhängig voneinander bedient werden). Die Wahrscheinlichkeit dafür, daß während der Zeit Δt ein Bedienungsgerät frei wird, d. h. die Wahrscheinlichkeit für den Übergang vom Zustand ε_k in den Zustand ε_j $(j = k - 1)$, ist demnach $1 - (1 - \lambda \Delta t - o(\Delta t))^k = k\lambda \Delta t + o(\Delta t)$. Die Wahrscheinlichkeit anderer Veränderungen während der Zeitspanne Δt ist gleich $o(\Delta t)$.

Wie aus den Formeln für die Übergangswahrscheinlichkeiten $p_{ij}(t)$, die am Ende des vorigen Abschnitts für den Fall $m = 1$ aufgestellt wurden, ersichtlich ist, konvergieren die Wahrscheinlichkeiten $p_{ij}(t)$ exponentiell gegen ihre Grenzwerte. Dasselbe gilt wegen (9.15) auch für m Bedienungsgeräte. Aus (9.19) erhält man folgendes Gleichungssystem zur Bestimmung der unbekannten Grenzwahrscheinlichkeiten p_k^*:

$$-\lambda_0 p_0^* + \lambda p_1^* = 0,$$

$$\lambda_0 p_{k-1}^* - (\lambda_0 + k\lambda)\, p_k^* + (k+1)\,\lambda p_{k+1}^* = 0 \qquad (1 \leqq k < m),$$

$$\lambda_0 p_{m-1}^* - m\lambda p_m^* = 0.$$

Hieraus ergibt sich

$$p_k^* = \frac{\frac{1}{k!}\left(\frac{\lambda_0}{\lambda}\right)^k}{\sum\limits_{l=0}^{m} \frac{1}{l!}\left(\frac{\lambda_0}{\lambda}\right)^l} \qquad (k = 0, 1, \ldots, m).$$

Diese Beziehung für die Grenzwahrscheinlichkeiten ist unter der Bezeichnung ERLANG*sche Formel* bekannt.

10. Verzweigungsprozesse, eine Differentialgleichung für die erzeugende Funktion, Aussterben und Explosion von Verzweigungsprozessen

10.1. Es sei eine Menge von Teilchen gegeben, von denen jedes im Laufe der Zeit verschwinden oder sich in mehrere Teilchen derselben Art umwandeln kann. Dabei soll das Verhalten eines einzelnen Teilchens nicht von dem der anderen abhängen. Ist s ein beliebiger Zeitpunkt ($s \geqq 0$), so erzeuge jedes Teilchen mit der Wahrscheinlichkeit $p_k(t)$ während des Zeitintervalls $(s, s + t)$ ($t \geqq 0$) eine Menge von insgesamt k Teilchen ($k = 0, 1, \ldots$). Dem Fall $k = 0$ entspricht das Verschwinden des Teilchens. Diese Wahrscheinlichkeit hänge nicht von Ereignissen ab, die vor dem Zeitpunkt s stattgefunden haben. Mit $\xi(t)$ bezeichnen wir die Zahl der zum Zeitpunkt t vorhandenen Teilchen. Die Zufallsgrößen $\xi(t)$ bilden auf Grund der Voraussetzungen einen Markowschen Prozeß, der als *Verzweigungsprozeß* bezeichnet wird. Das beschriebene Modell kann zur Untersuchung vieler realer Prozesse dienen.

Angenommen, zu einem gewissen Anfangszeitpunkt s, sagen wir $s = 0$, sind k Teilchen vorhanden. Mit $\xi_i(t)$ werde die Zahl der aus dem i-ten Teilchen ($i = 1, \ldots, k$) nach der Zeit t hervorgegangenen Teilchen bezeichnet. Dann gilt für die Gesamtanzahl $\xi(t)$ der zur Zeit t vorhandenen Teilchen

$$\xi(t) = \xi_1(t) + \cdots + \xi_k(t). \tag{10.0}$$

Nach Voraussetzung sind die Zufallsgrößen $\xi_1(t), \ldots, \xi_k(t)$ voneinander unabhängig und besitzen dieselbe Verteilung

$$\mathsf{P}\{\xi_i(t) = n\} = p_n(t) \qquad (n = 0, 1, \ldots). \tag{10.1}$$

Wir führen die erzeugenden Funktionen

$$F(t, z) = \sum_{n=0}^{\infty} p_n(t)\, z^n \qquad (|z| \leqq 1)$$

und

$$F_k(t, z) = \sum_{n=0}^{\infty} p_{kn}(t)\, z^n \qquad (|z| \leqq 1) \tag{10.2}$$

ein, wobei die Zahlen $p_{kn}(t)$ die Übergangswahrscheinlichkeiten des Markowschen Verzweigungsprozesses $\xi(t)$ sind ($p_{kn}(t)$ ist also die Wahrscheinlichkeit dafür, daß sich k Teilchen nach der Zeit t in n Teilchen umgewandelt haben).

Jedes einzelne Teilchen gehe während eines Zeitintervalls der Länge Δt mit der Wahrscheinlichkeit

$$p_n(\Delta t) = \lambda_n \Delta t + o(\Delta t) \qquad (n = 0, 2, 3, 4, \ldots) \tag{10.3}$$

in n neue Teilchen über und bleibe mit der Wahrscheinlichkeit

$$p_1(\Delta t) = 1 - \lambda \Delta t - o(\Delta t) \tag{10.4}$$

unverändert. Es gelte ferner

$$\sum_k \lambda_k = 0 \quad \text{mit} \quad \lambda_1 = -\lambda. \tag{10.5}$$

Außerdem mögen die Übergangswahrscheinlichkeiten $p_n(t) = p_{1n}(t)$ den Differentialgleichungen (9.10) von Kolmogorow genügen:

$$\frac{d}{dt} p_n(t) = \sum_k \lambda_k p_{kn}(t) \qquad (n = 0, 1, \ldots). \tag{10.6}$$

Für jedes z mit $|z| \leqq 1$ gilt demnach

$$\sum_{n=0}^{\infty} z^n \frac{d}{dt} p_n(t) = \frac{d}{dt} \sum_{n=0}^{\infty} p_n(t)\, z^n = \sum_k \lambda_k \sum_{n=0}^{\infty} p_{kn}(t)\, z^n,$$

woraus sich

$$\frac{d}{dt} F(t, z) = \sum_k \lambda_k F_k(t, z)$$

ergibt. Dabei ist $F_k(t, z)$ die durch (10.2) definierte erzeugende Funktion der Zufallsgröße $\xi(t)$ für den Fall von k Ausgangsteilchen $(k = 0, 1, \ldots)$. Gemäß (10.0) läßt sich $\xi(t)$ als Summe von k unabhängigen Zufallsgrößen auffassen, von denen jede die Wahrscheinlichkeitsverteilung mit der erzeugenden Funktion $F(t, z)$ besitzt. Deshalb gilt

$$F_k(t, z) = [F(t, z)]^k \qquad (k = 0, 1, \ldots).$$

(Diese Gleichung stimmt auch für $k = 0$.) Die Differentialgleichung für die erzeugende Funktion $F(t, z)$ kann also in der Form

$$\frac{d}{dt} F(t, z) = \sum_k \lambda_k F(t, z)^k \tag{10.7}$$

geschrieben werden.

Wir nehmen an, daß vom Verzweigungsprozeß $\xi(t)$ lediglich die Übergangsintensitäten λ_k $(k = 0, 1, \ldots)$ bekannt sind. Die durch

$$f(x) = \sum_{k=0}^{\infty} \lambda_k x^k \tag{10.8}$$

definierte Funktion $f(x)$ ist für alle x mit $0 < x < 1$ analytisch, und Formel (10.8) stellt die Entwicklung von $f(x)$ in eine Potenzreihe dar. Nach Gleichung (10.7) ist die erzeugende Funktion $F(t, z)$ bei festem z eine Lösung der Differentialgleichung

$$\frac{dx}{dt} = f(x). \tag{10.9}$$

Wegen $F(0, z) = z$ stimmt die Funktion $F(t, z)$ für jedes z $(0 \leqq z \leqq 1)$ mit einer Lösung $x = x(t)$ überein, die der Anfangsbedingung

$$x(0) = z \tag{10.10}$$

genügt.

Es ist leichter, anstelle von (10.9) die dazu äquivalente Differentialgleichung für die bezüglich $x = x(t)$ inverse Funktion $t = t(x)$ zu untersuchen. Sie lautet

$$\frac{dt}{dx} = \frac{1}{f(x)}. \tag{10.11}$$

Jede Lösung $t = t(x)$ dieser Gleichung hat die Form

$$t(x) = \int_z^x \frac{du}{f(u)} \quad (0 \leqq x \leqq 1). \tag{10.12}$$

Beispiel: Es gelte

$$\lambda_0 = \lambda, \quad \lambda_1 = -\lambda, \quad \lambda_k = 0 \quad (k = 2, 3, \ldots).$$

Für diesen Fall erhalten wir

$$f(x) = \lambda(1 - x).$$

und

$$t = \int_z^x \frac{du}{f(u)} = -\frac{1}{\lambda}[\ln(1 - x) - \ln(1 - z)].$$

Daraus gewinnt man leicht die Funktion $F = F(t, z)$, und zwar gilt

$$\ln(1 - F(t, z)) = -\lambda t + \ln(1 - z).$$

Das führt zu

$$F(t, z) = 1 - (1 - z)^{e^{-\lambda t}}.$$

Die Wahrscheinlichkeiten $p_n(t)$, die mit Hilfe der Zerlegung $F(t, z) = \sum_{n=0}^{\infty} p_n(t) z^n$ bestimmbar sind, ergeben sich in diesem speziellen Fall zu

$$p_0(t) = 1 - e^{-\lambda t}, \quad p_1(t) = e^{-\lambda t}, \quad p_n(t) = 0 \ (n = 2, 3, \ldots).$$

Beispiel: Es gelte

$$\lambda_0 = 0, \quad \lambda_1 = -1, \quad \lambda_k = \frac{1}{k(k-1)} \ (k = 2, 3, \ldots).$$

Wir erhalten

$$f(x) = \sum_{k=1}^{\infty} \lambda_k x^k = \sum_{k=2}^{\infty} \frac{1}{k-1} x^k - \sum_{k=1}^{\infty} \frac{1}{k} x^k$$
$$= -x \ln(1-x) + \ln(1-x) = (1-x)\ln(1-x)$$

und

$$t = \int_z^x \frac{du}{f(u)} = \int_z^x \frac{du}{(1-u)\ln(1-u)} = -\int_{\ln(1-z)}^{\ln(1-x)} \frac{du}{u}$$
$$= -\ln\ln(1-x) + \ln\ln(1-z).$$

Daraus läßt sich leicht die Funktion $F = F(t, z)$ bestimmen. Man bekommt

$$\frac{\ln(1-F)}{\ln(1-z)} = e^{-t} \quad \text{und} \quad F(t, z) = 1 - (1-z)\, e^{-t}.$$

Die entsprechenden Wahrscheinlichkeiten $p_n(t)$ erhält man durch mehrmaliges Differenzieren:

$$p_0(t) = 0, \quad p_1(t) = e^{-t},$$
$$p_n(t) = \frac{1}{n!} \frac{d^n}{dz^n} F(t, 0)$$
$$= \frac{1}{n!} (-1)^{n-1} e^{-t} (e^{-t} - 1) \cdots (e^{-t} - n + 1)$$
$$(n = 2, 3, \ldots).$$

10.2. Wir untersuchen in diesem Abschnitt die Differentialgleichung (10.9) mit der durch (10.8) definierten Funktion $f(x)$. Aus (10.8) ergibt sich

$$f''(x) = \sum_{k=2}^{\infty} k(k-1)\,\lambda_k x^{k-2} \geqq 0 \quad (0 \leqq x \leqq 1).$$

Die Funktion $f(x)$ ist demnach konvex, und ihre Ableitung $f'(x)$ wächst im Intervall $0 \leqq x \leqq 1$ monoton.

Der Wert $x = 1$ ist wegen $\sum_k \lambda_k = 0$ eine Wurzel der Gleichung $f(x) = 0$.

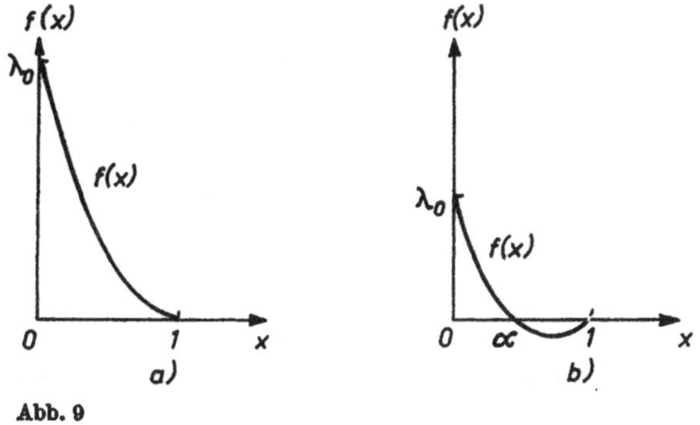

Abb. 9

Aus den genannten Gründen kann es höchstens noch eine andere Wurzel $x = \alpha$ dieser Gleichung geben. Das graphische Bild der Funktion $f(x)$ sieht also etwa so aus, wie es Abbildung 9 angibt.

Wir wollen hier nur den komplizierteren Fall, daß es zwei Wurzeln $x = \alpha$ $(0 < \alpha < 1)$ und $x = 1$ gibt, behandeln. Diese beiden Werte definieren zwei singuläre Lösungen $x(t) \equiv \alpha$ und $x(t) \equiv 1$ der zu untersuchenden Differentialgleichung. Es sei $x(t)$ die Lösung der Differentialgleichung (10.9), die durch den Punkt $(t, x) = (0, z)$ mit $0 \leqq z < \alpha$ verläuft. Die zu $x(t)$ inverse Funktion

$t(x)$ hat die Gestalt

$$t(x) = \int_z^x \frac{du}{f(u)}.$$

Die Ableitung $\frac{df}{dx}$ ist an der Stelle $x = \alpha$ endlich. Berücksichtigt man außerdem, daß für $x \sim \alpha$ die Funktion $f(x)$ die Form $f(x) \sim f'(\alpha)(x - \alpha)$ besitzt, so ergibt sich, daß der Wert $t(x) = \int_z^x \frac{du}{f(u)}$ unbeschränkt wächst, sobald x von unten gegen α strebt. Die Lösungsfunktion $x(t)$ schneidet also die Gerade $x(t) = \alpha$ an keiner Stelle und ist deshalb durch den Wert $x = \alpha$ nach oben beschränkt. Weil $f(x)$ im Intervall $0 \leqq x < \alpha$ positiv ist, wächst $x(t)$ für größer werdendes t. Als monoton wachsende, nach oben beschränkte Funktion besitzt $x(t)$ für $t \to \infty$ einen Grenzwert: $\beta = \lim_{t \to \infty} x(t)$ mit $z \leqq \beta \leqq \alpha$. Aus der Stetigkeit der Funktion $f(x)$ folgt

$$f(\beta) = \lim_{t \to \infty} f(x(t)) = \lim_{t \to \infty} x'(t).$$

Der Wert $f(\beta)$ muß gleich 0 sein. Andernfalls würde die Funktion

$$x(t) = z + \int_0^t f\bigl(x(u)\bigr)\, du$$

für $t \to \infty$ unbeschränkt wachsen. Folglich ist β eine Wurzel der Gleichung $f(x) = 0$ und stimmt mit α überein: $\beta = \alpha$.

Faßt man diese Ergebnisse zusammen, so kann man sagen, daß alle Lösungen $x(t)$, für die $x(0) = z$ mit $0 \leqq z < \alpha$ gilt, monoton wachsen und die Eigenschaft

$$\lim_{t \to \infty} x(t) = \alpha \tag{10.13}$$

besitzen.

Die Lösungen $x(t)$, die für $t = 0$ einen Wert $x = z$ mit $\alpha < z < 1$ annehmen, verhalten sich völlig analog. Der Unterschied besteht nur darin, daß jetzt $x(t)$ bei wachsendem t fällt, da die Ableitung $x'(t) = f[x(t)]$ negativ ist: $f(x) \leqq 0$ für $\alpha < x < 1$. In Abbildung 10 sind die Lösungen in Abhängigkeit vom Parameter z $(0 \leqq z < 1)$ dargestellt.

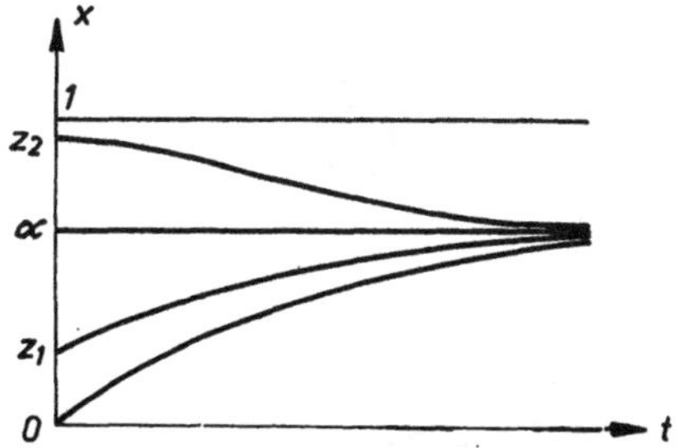

Abb. 10

Der Fall $z = 1$ erfordert eine besondere Untersuchung. Ihm entspricht stets die Lösung $x(t) \equiv 1$.

Gilt für ein gewisses x_0 mit $\alpha < x_0 < 1$ die Beziehung

$$\int_{x_0}^{1} \frac{du}{f(u)} = -\infty \tag{10.14}$$

(dieser Fall liegt zum Beispiel vor, wenn $f'(1) < \infty$ erfüllt ist), dann fällt die durch

$$t(x) = t_0 + \int_{x_0}^{x} \frac{du}{f(u)} \qquad (t_0 > 0)$$

definierte Funktion $t(x)$ unbeschränkt, d. h.

$$t(x) = t_0 + \int_{x_0}^{x} \frac{du}{f(u)} \to -\infty \quad \text{für} \quad x \to 1.$$

Es existiert also für jedes $t_0 > 0$ eine Zahl $x = z$ mit $0 \leqq z < 1$ und

$$t(z) = t_0 + \int_{x_0}^{z} \frac{du}{f(u)} = 0.$$

Ist (10.14) erfüllt, so schneidet demnach jede Funktion der Form

$$t(x) = t_0 + \int_{x_0}^{x} \frac{du}{f(u)}$$

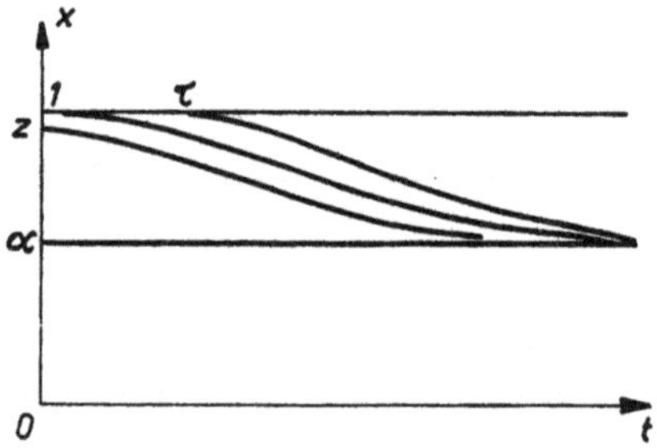

Abb. 11

die Achse $t = 0$ an einer Stelle $x = z$ mit $0 \leqq z < 1$. Folglich ist $x(t) \equiv 1$ die einzige Lösung, die durch den Punkt $(t, x) = (0, 1)$ verläuft (vgl. Abbildung 11).

Gilt dagegen

$$\int_{x_0}^{1} \frac{du}{f(u)} > -\infty, \tag{10.15}$$

so ist für genügend großes $t_0 > 0$ der Wert

$$\tau = t_0 + \int_{x_0}^{1} \frac{du}{f(u)}$$

nicht negativ. Die Funktion

$$t(x) = t_0 + \int_{x_0}^{x} \frac{du}{f(u)}$$

berührt die Gerade $x(t) \equiv 1$ im Punkt $(t, x) = (\tau, 1)$.

In diesem Fall verläuft durch $(t, x) = (0, 1)$ eine ganze Schar von Lösungsfunktionen $x_\tau(t)$, wobei τ alle nichtnegativen reellen Zahlen annehmen kann. Unter ihnen gibt es eine Funktion $x_0(t)$, sie entspricht dem Wert $\tau = 0$, die unterhalb aller anderen Lösungsfunktionen $x_\tau(t)$ liegt:

$$x_0(t) \leqq x_\tau(t) \qquad (0 \leqq t \leqq \infty).$$

Dieser Sachverhalt beruht darauf, daß die Lösung der betrachteten Differentialgleichung innerhalb des Gebietes $0 \leqq x < 1$, $0 < t < \infty$ eindeutig ist, und sich die Lösungskurven in diesem Gebiet nicht schneiden. Weiter kann man zeigen, daß diese Funktion $x_0(t)$ der Grenzwert aller anderen Lösungen $x(t, z)$ ist, die unterhalb von ihr liegen und durch die Punkte $(t, x) = (0, z)$ mit $0 \leqq z < 1$ verlaufen:

$$x_0(t) = \lim_{z \to 1} x(t, z). \tag{10.16}$$

Es sei an dieser Stelle an die Gültigkeit der Gleichung

$$F(t, z) \equiv x(t, z) \quad (t \geqq 0, \quad 0 \leqq z < 1)$$

erinnert.

10.3. Die im vorigen Abschnitt durchgeführte Untersuchung der Differentialgleichung (10.9) gestattet folgende Rückschlüsse auf den entsprechenden Verzweigungsprozeß $\xi(t)$.

Im allgemeinen ist die Wahrscheinlichkeit dafür, daß nach einer gewissen Zeit t kein einziges Teilchen mehr vorhanden ist, positiv. Natürlich kann dieser Fall nicht eintreten, wenn $\lambda_0 = 0$ gilt (d. h., wenn die Teilchen nicht verschwinden, sondern sich nur vermehren können). Liegt zum Anfangszeitpunkt $t = 0$ nur ein Teilchen vor, dann ist diese Wahrscheinlichkeit gleich $p_0(t) = F(t,0)$. Sind ursprünglich k Teilchen vorhanden, so ist die betrachtete Wahrscheinlichkeit gleich $p_{k0}(t) = [F(t, 0)]^k = [p_0(t)]^k$. Als Funktion von t ist $p_0(t)$ die Lösung der Differentialgleichung (10.9) für den Parameter $z = 0$:

$$p_0'(t) = f[p_0(t)], \qquad p_0(0) = 0.$$

Wie bereits gezeigt wurde, konvergiert diese Lösung für $t \to \infty$ gegen einen Wert $p_0 = \alpha$, der kleinsten Wurzel der Gleichung $f(x) = 0$ (s. Formel (10.13)):

$$\lim_{t\to\infty} p_0(t) = \alpha. \tag{10.17}$$

Der Wert $p_0 = \alpha$ ist also die *Wahrscheinlichkeit für das Aussterben* des Verzweigungsprozesses $\xi(t)$ (d. h., die Wahrscheinlichkeit dafür, daß zu einem gewissen Zeitpunkt kein einziges Teilchen mehr vorhanden ist). Wenn die Funktion $f(x)$ im Intervall $0 \leqq x < 1$ positiv ist, dann ist die Wahrscheinlichkeit für das Aussterben von $\xi(t)$ gleich 1.

Theoretisch kann es passieren, daß innerhalb einer endlichen Zeitspanne unendlich viele Teilchen erzeugt werden. Man spricht in diesem Fall von einer *Explosion des Prozesses*. Die Wahrscheinlichkeit dafür, daß bis zum Zeitpunkt t eine Explosion stattfindet, beträgt

$$p_\infty(t) = 1 - \mathsf{P}\{\xi(t) < \infty\} = 1 - \sum_{n=0}^{\infty} \mathsf{P}\{\xi(t) = n\}$$

$$= 1 - \sum_{n=0}^{\infty} p_n(t) = 1 - \lim_{z\to 1} F(t, z).$$

Ist $x(t) \equiv 1$ die einzige Lösung der Differentialgleichung (10.9), die durch den Punkt $(t, x) = (0, 1)$ verläuft, dann ergibt sich für den Grenzwert $\lim F(t, z)$ die Zahl 1. Folglich ist unter der Bedingung (10.14) die Wahrscheinlichkeit $p_\infty(t)$ für jedes t gleich 0, so daß eine Explosion ausgeschlossen ist. Dagegen konvergiert unter der Bedingung (10.15) die Funktion $F(t, z)$ für $z \to 1$ monoton gegen die oben beschriebene Funktion $x_0(t)$ (vgl. Formel (10.16)), so daß

$$p_\infty(t) = 1 - x_0(t) > 0 \tag{10.18}$$

gilt.

11. Einfaches Modell eines Zweipersonenspiels, die optimale Strategie, gesteuerte Markowsche Ketten, die Bellmansche Gleichung

11.1. Beispiel (Das Erraten einer versteckten Münze): Wir betrachten folgendes Zweipersonenspiel. Einer der Spieler versteckt nach Belieben eine 10- oder eine 20-Kopekenmünze, und der andere versucht zu erraten, was für eine Münze versteckt wurde. Wenn er richtig rät, dann erhält er diese Münze als Gewinn, andernfalls muß er 15 Kopeken an den ersten Spieler bezahlen. Wie müssen die Spieler ihre Strategien einrichten, wenn sie das Spiel häufig wiederholen?

Beispiel (Taktik eines Luftkampfes): Angenommen, die Flugzeuge von „Rot“ führen Angriffe auf ein gewisses Objekt von „Weiß“ aus. Dabei werde jeder einzelne Angriff von zwei Flugzeugen vorgetragen, von denen eines die Bomben trägt, während das andere als Begleitschutz mitfliegt. Wir nehmen weiterhin an, daß die Seite „Weiß“ zur Verteidigung des Objektes Jagdflugzeuge einsetzt, die die Taktik verfolgen, jeweils nur eines der beiden Flugzeuge des Gegners anzugreifen. Das voranfliegende Flugzeug von „Rot“ befindet sich unter dem Schutz der Hauptfeuerkraft des zweiten. In 20% der Fälle, in denen es angegriffen wird, werde es von „Weiß“ abgeschossen. Dagegen führen 40% der Angriffe auf das zweite Flugzeug zur Kampfunfähigkeit desselben.

Die Hauptaufgabe von „Rot“ ist die Bombardierung des Objektes und die von „Weiß“ seine Verteidigung. In welcher Reihenfolge müssen die Flugzeuge von „Rot“ fliegen, und welches dieser Flugzeuge müssen die „weißen“ Jäger angreifen?[1])

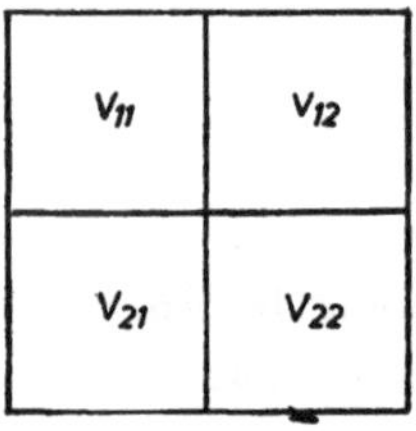

Abb. 12

Diese, sowie viele andere Beispiele, passen in das folgende einfache Schema für das Spiel zweier Personen. Jeder der Spieler kann zwischen zwei verschiedenen Strategien wählen. Haben sich beide Spieler für je eine Strategie entschieden, so sind Verlauf und Ergebnis des Spiels bereits festgelegt. Dabei sind die Interessen der Spieler entgegengesetzt: Was der eine gewinnt, verliert der andere. Solch ein Spiel kann man mit Hilfe einer Tabelle (s. Abbildung 12) beschreiben. Die zwei Zeilen dieser Tabelle entsprechen den Strategien, die dem ersten Spieler zur Verfügung stehen, und die beiden Spalten versinnbildlichen die möglichen Strategien des zweiten Spielers. Die in den Schnittpunkten auftretenden Zahlen geben den Gewinn an, den der erste Spieler erhält, wenn beide die entsprechenden Strategien gewählt haben. Verfolgt der erste Spieler die i-te Strategie und der zweite

---

[1]) Vgl. J. D. WILLIAMS, The compleat strategyst, New York/Toronto/London 1954.

die j-te ($i, j = 1, 2$), so ist der Gewinn des ersten Spielers gleich v_{ij} und der des zweiten gleich $-v_{ij}$. Das Problem besteht darin, welche Strategien jeder der beiden Spieler wählen soll. Diese Frage ist im Fall

$$\min(v_{11}, v_{12}) \geqq \max(v_{21}, v_{22}) \tag{11.0}$$

leicht zu beantworten. Egal, wie der zweite Spieler sein Spiel einrichtet, für den ersten ist die erste Strategie am günstigsten; sie gewährleistet ihm einen Mindestgewinn der Größe

$$\min(v_{11}, v_{12}).$$

Unter der Annahme eines „vernünftigen" Gegners ist für den zweiten Spieler diejenige Strategie am besten, die den höchstmöglichen Gewinn des anderen minimal werden läßt, d. h. diejenige Strategie j, für die

$$v_{1j} = \min(v_{11}, v_{12})$$

gilt.

Den eben beschriebenen Fall kann man als Ausnahme betrachten. Wie soll man sich aber in komplizierteren Fällen verhalten, wenn eine Gleichung des Typs (11.0) nicht mehr gilt?

Formulieren wir die Aufgabenstellung etwas genauer. Der erste Spieler möge die i-te Strategie mit der Wahrscheinlichkeit p_{1i} wählen, während der zweite mit der Wahrscheinlichkeit p_{2j} die j-te Strategie verfolgt. Die Wahrscheinlichkeitsverteilungen $P_1 = \{p_{11}, p_{12}\}$ und $P_2 = \{p_{21}, p_{22}\}$, mit denen jeder der Spieler sein entsprechendes Verhalten festlegt, heißen *gemischte Strategien.*

Man betrachtet bei gemischten Strategien den sogenannten *mittleren Gewinn* (des ersten Spielers)

$$V(P_1, P_2) = \sum_{i,j} v_{ij} p_{1i} p_{2j}. \tag{11.1}$$

Wir nehmen an, daß der zweite Spieler für jede Strategie $P_1 = \{p_{11}, p_{12}\}$ des ersten die beste Antwort auswählt, d. h. jene Strategie $P_2^* = \{p_{21}^*, p_{22}^*\}$, die den mittleren Gewinn des ersten Spielers minimalisiert:

$$V(P_1, P_2^*) = \min_{P_2} V(P_1, P_2) = V_1(P_1). \qquad (11.2)$$

Wählt der zweite Spieler die beste Antwort, so gewinnt der erste mit seiner Strategie P_1 im Mittel $V_1(P_1)$. Für ihn ist jene gemischte Strategie $P_1^0 = \{p_{11}^0, p_{12}^0\}$ am besten, für die

$$V_1(P_1^0) = \max_{P_1} V_1(P_1) \qquad (11.3)$$

gilt.

Völlig analoge Überlegungen lassen sich für den zweiten Spieler anstellen. Für ihn ist die Strategie P_2^0 am besten, die ihm einen maximalen mittleren Gewinn gewährleistet, unter der Voraussetzung, daß der Gegner die beste Antwort wählt:

$$V_2(P_2^0) = \max_{P_2} V_2(P_2)$$

mit

$$V_2(P_2) = \min_{P_1} (-V(P_1, P_2)).$$

Gesucht sind die *optimalen gemischten Strategien* P_1^0 und P_2^0 für jeden der Spieler.

Dazu betrachten wir zunächst die Funktion

$$V(x, y) = v_{11}xy + v_{12}x(1-y) + v_{21}(1-x)y$$
$$+ v_{22}(1-x)(1-y) \quad (0 \leqq x,\ y \leqq 1).$$

Für $x = p_{11}$ und $y = p_{21}$ ergibt sich gerade der mittlere Gewinn des ersten Spielers, wenn von beiden die gemischten Strategien $P_1 = \{p_{11}, p_{12}\}$ bzw. $P_2 = \{p_{21}, p_{22}\}$ gewählt werden. Die Funktion $V(x, y)$ ist in jeder der

Veränderlichen x und y linear. Folglich nimmt sie für feste Werte von x ihr Minimum in einem der Randpunkte $y = 0$ und $y = 1$ an:

$$V_1(x) = \min V(x, y) = \min (V(x, 0), V(x, 1))$$

$$= \min \begin{cases} v_{12}x + v_{22}(1 - x), \\ v_{11}x + v_{21}(1 - x). \end{cases}$$

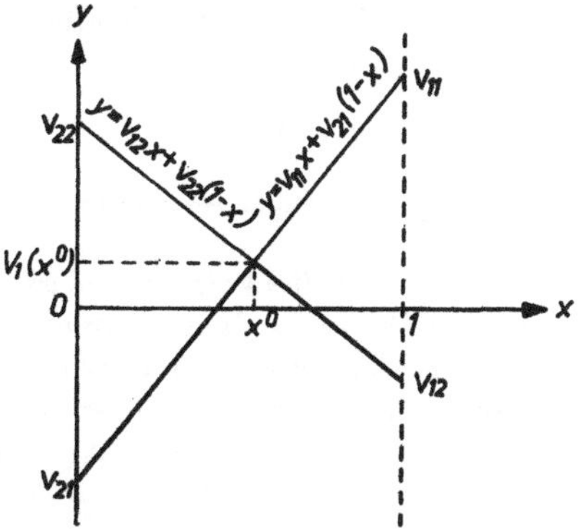

Abb. 13. min $(v_{11}, v_{12}) \leqq$ max (v_{21}, v_{22})

Setzt man $v_{11} - v_{12} \neq v_{21} - v_{22}$ voraus, so ist die Funktion $V_1(x)$ in Abhängigkeit von x eine gebrochene Gerade mit der Spitze im Punkt x^0 (vgl. Abbildung 13). Dieser Punkt ist durch die Gleichung

$$v_{12}x^0 + v_{22}(1 - x^0) = v_{11}x^0 + v_{21}(1 - x^0)$$

bestimmt. Man erhält

$$x^0 = \frac{v_{22} - v_{21}}{v_{11} + v_{22} - (v_{12} + v_{21})}. \tag{11.4}$$

Bei x^0 ist die Funktion $V_1(x)$ $(0 \leqq x \leqq 1)$ maximal. Der Wert x^0 ist also gleich der optimalen Wahrscheinlichkeit

p_{11}^0, mit der der erste Spieler seine erste Strategie zu wählen hat. Die entsprechende gemischte Strategie $P_1^0 = \{p_{11}^0, p_{12}^0\}$ gewährleistet ihm den größten mittleren Gewinn, wenn man annimmt, daß der Gegner die für sich beste Strategie verfolgt. Dieser Gewinn ist gleich

$$V_1(x^0) = v_{11}x^0 + v_{21}(1 - x^0) = v_{12}x^0 + v_{22}(1 - x^0). \tag{11.5}$$

Der vorliegende Fall ist spezieller Natur. Es gilt nämlich, unabhängig von y $(0 \leqq y \leqq 1)$,

$$V(x^0, y) = y\,[v_{11}x^0 + v_{21}(1 - x^0)] \\ + (1 - y)\,[v_{12}x^0 + v_{22}(1 - x^0)] = V_1(x^0).$$

Bei der optimalen Wahrscheinlichkeit $p_{11}^0 = x^0$ erhält also der erste Spieler, unabhängig davon, welchen Wert sein Gegner für y wählt, den mittleren Gewinn $V_1(x^0)$. Weicht der erste Spieler allerdings von der optimalen Strategie $p_{11}^0 = x^0$ ab, z. B. indem er $p_{11} = x \neq x^0$ wählt, so verringert sich bei geeigneter Antwort des Gegners ($p_{21} = y$ mit $y = 0$ oder $y = 1$) der mittlere Gewinn bis zur Größe $V_1(x)$.

Die gleichen Überlegungen kann man auch für den Fall des zweiten Spielers durchführen. Bei ihm ergibt sich als optimaler Wert für die Wahrscheinlichkeit $p_{21}^0 = y^0$

$$y^0 = \frac{v_{11} - v_{12}}{v_{11} + v_{22} - (v_{12} + v_{21})} \tag{11.6}$$

(man erhält y^0 aus Formel (11.4) durch Vertauschen der Spieler, d. h., indem man die Plätze der beiden Indizes vertauscht). Ähnlich wie dem ersten Spieler, ist dem zweiten für die optimale Wahrscheinlichkeit $p_{21}^0 = y^0$ ein mittlerer Gewinn $V_2(y^0)$ gewährleistet, der unabhängig von der Strategie des Gegners ist. Es gilt

$$V_2(y^0) = -V(x, y^0) \qquad (0 \leqq x \leqq 1).$$

Hieraus ergibt sich insbesondere

$$V_1(x^0) = V(x^0, y^0),$$
$$V_2(y^0) = -V(x^0, y^0). \qquad (11.7)$$

Wir betrachten nun noch einmal die eingangs angegebenen Beispiele.

Das Erraten einer versteckten Münze

Hier muß man

$$v_{11} = -10, \qquad v_{12} = 15,$$
$$v_{21} = 15, \qquad v_{22} = -20$$

setzen. Die für den ersten Spieler günstigste Wahrscheinlichkeit $p_{11}^0 = x^0$, mit der er das 10-Kopekenstück versteckt, ist gemäß Formel (11.4) gleich

$$x^0 = \frac{-35}{-60} = \frac{7}{12}$$

(das Verstecken dieser Münze ist für den ersten Spieler die erste Strategie). Der optimale Wert der Wahrscheinlichkeit $y^0 = p_{21}^0$, mit der der zweite Spieler beim Raten das 10-Kopekenstück nennt, d. h., mit der er seine erste Strategie wählt, ergibt sich aus Formel (11.6) zu

$$y^0 = \frac{-25}{-60} = \frac{5}{12}.$$

Für den mittleren Gewinn des ersten Spielers in einem Spiel erhält man

$$V(x^0, y^0) = -10 \cdot \frac{7}{12} + 15 \cdot \frac{5}{12} = \frac{5}{12} \quad \text{(Kopeken)}.$$

Folglich wird der zweite Spieler im Mittel $\frac{5}{12}$ Kopeken pro Spiel verlieren.

Das beschriebene Spiel benachteiligt natürlich den zweiten Spieler; sogar wenn er die günstigste Strategie wählt, verliert er im Mittel jedesmal $\frac{5}{12}$ Kopeken. Darüber hinaus kann jede Abweichung von dieser Strategie bei entsprechendem Verhalten des Gegners zu einem noch größeren Verlust führen.

Die Taktik eines Luftkampfes

Beim „Spiel" der Bomber von „Rot" und der Jäger von „Weiß" hat jede Seite zwei Strategien zur Auswahl. „Rot" kann entweder das Bombenflugzeug oder den Begleitschutz an erster Stelle fliegen lassen, während „Weiß" entweder das an erster Stelle oder das an zweiter Stelle fliegende Flugzeug angreifen kann. Wenn man als Gewinn von „Rot" die Wahrscheinlichkeit für die Erfüllung des Kampfauftrages ansieht, dann hat man $v_{11} = 0{,}8$, $v_{12} = 1$, $v_{21} = 1$ und $v_{22} = 0{,}6$ zu setzen. Nach (11.4) und (11.6) gilt

$$x^0 = \frac{-0{,}4}{-0{,}6} = \frac{2}{3}, \quad y^0 = \frac{-0{,}2}{-0{,}6} = \frac{1}{3}.$$

Man sieht, daß für „Rot" nicht die Variante die größte Sicherheit für das Bombenflugzeug bietet, bei der dieses stets durch das hinter ihm fliegende Begleitflugzeug gedeckt wird. „Weiß" wird dann nämlich immer das erste Flugzeug angreifen, und die Wahrscheinlichkeit für die Erfüllung des Kampfauftrages (d. h. die Wahrscheinlichkeit dafür, daß das Bombenflugzeug nicht ausfällt) ist gleich 0,8. Wenn dagegen entsprechend der optimalen gemischten Strategie der Bomber mit der Wahrscheinlichkeit $p_{11}^0 = x^0 = \frac{2}{3}$ vorn fliegt, so ist die Erfolgswahrscheinlichkeit unabhängig von der Wahl der Strategie des Gegners und nicht kleiner als

$$V(x^0, y^0) = 0{,}8 \cdot \frac{2}{3} + 1 \cdot \frac{1}{3} = \frac{13}{15},$$

so daß die Wahrscheinlichkeit für die Erfüllung des Kampfauftrages um $\frac{1}{15}$ größer wird als im obigen Fall.

Die optimale Strategie für „Weiß" besteht darin, das erste Flugzeug mit der Wahrscheinlichkeit $p_{21}^0 = \frac{1}{3}$ und das zweite mit der Wahrscheinlichkeit $p_{22}^0 = \frac{2}{3}$ anzugreifen.

11.2. Im folgenden betrachten wir ein System, das sich schrittweise verändert und jeweils einen der Zustände $\varepsilon_1, \varepsilon_2, \ldots$ annimmt. Mit $\xi(t)$ bezeichnen wir seinen Zustand nach t Schritten. Wir setzen voraus, daß das Verhalten des Systems, beschrieben durch die Folge $\xi(0)$, $\xi(1)$, $\xi(2)$, ..., ein zufälliger Markowscher Prozeß ist, wobei die Wahrscheinlichkeiten p_{ij} der Übergänge von ε_i in ε_j $(i, j = 1, 2, \ldots)$ von einem gewissen Parameter d abhängen. Befindet sich das System irgendwann im Zustand ε_i, und wählt der Beobachter einen Wert d_0 des Parameters d, so gilt für die Übergangswahrscheinlichkeiten im folgenden Schritt $p_{ij} = p_{ij}(d_0)$. Mit D wollen wir die Menge aller möglichen Werte des Parameters d bezeichnen.

Die Aufgabe bestehe darin, den Parameter d so zu wählen, daß das System in einen bestimmten Zustand oder in eine vorgegebene Menge E von Zuständen gelangt. Die Auswahl von d wird als Steuerung bezeichnet. Da das Verhalten des Systems nicht nur vom Willen des Steuernden, sondern auch vom Zufall abhängt, kann man das System im allgemeinen nur mit einer gewissen Wahrscheinlichkeit P, deren Wert durch die Art und Weise der

Steuerung bestimmt wird, in einen der Zustände aus E führen.

Wir setzen voraus, daß der Prozeß nach folgendem Programm gesteuert wird: Für jede natürliche Zahl n und jeden Zustand ε_i, in den das System nach n Schritten gelangen kann, ist ein bestimmter Wert $d = d(\varepsilon_i, n)$ des Parameters d vorgesehen. Die Gesamtheit dieser Zahlen wird als Steuerprogramm bezeichnet und kann als eine Funktion $d = d(x, t)$ von $x = \varepsilon_1, \varepsilon_2, \ldots$ und $t = 0,1, \ldots$ geschrieben werden. Die Funktion $d(x, t)$ wird *Entscheidungsfunktion* genannt. Wird ein Steuerprogramm mit der Entscheidungsfunktion $d = d(x, t)$ gewählt, und befindet sich der zufällige Prozeß $\xi(t)$ nach dem n-ten Schritt im Zustand ε_i, so geht er im nächsten Schritt mit der Wahrscheinlichkeit $p_{ij} = p_{ij}(d)$ $(d = d(\varepsilon_i, n))$ in den Zustand ε_j über $(j = 1, 2, \ldots)$.

Natürlich hängt die Wahrscheinlichkeit dafür, daß das System in einen der gewünschten Zustände gelangt, von der Funktion $d = d(x, t)$ ab:

$$P = P(d).$$

Eine Entscheidungsfunktion $d^0 = d^0(x, t)$ heißt *optimal*, wenn

$$P(d^0) = \max_d P(d) \tag{11.8}$$

gilt. Dabei wird das Maximum über alle Steuerungsmöglichkeiten, d. h. über alle möglichen Entscheidungsfunktionen $d = d(x, t)$, gebildet.

Wir wollen uns nun mit der folgenden Aufgabe beschäftigen. Es ist eine Entscheidungsfunktion $d(x, t)$ zu bestimmen, so daß die Wahrscheinlichkeit dafür, daß sich das System nach n Schritten in einer vorgegebenen Menge E von Zuständen befindet, maximal ist. In diesem Fall gilt

$$P(d) = \mathsf{P}\{\xi(n) \in \mathrm{E}\}.$$

Es sei $P(k, i, d)$ die Wahrscheinlichkeit dafür, daß das System, wenn es sich nach dem k-ten Schritt im Zustand ε_i befindet, in den restlichen $n-k$ Schritten in einen der Zustände aus der Menge E übergeht (dabei wird eine feste Entscheidungsfunktion $d = d(x, t)$ vorausgesetzt):

$$P(k, i, d) = \mathsf{P}\{\xi(n) \in \mathrm{E} \mid \xi(k) = \varepsilon_i\}.$$

Es gilt die Gleichung

$$P(k, i, d) = \sum_j p_{ij}(d)\, P(k + 1, j, d). \qquad (11.9)$$

Sie stellt eine einfache Folgerung der Formel für die totale Wahrscheinlichkeit dar. Ist nämlich das System nach dem k-ten Schritt im Zustand ε_i, so geht es mit der Wahrscheinlichkeit $p_{ij}(d)$ $(d = d(\varepsilon_i, k))$ im nächsten Schritt in den Zustand ε_j $(j = 1, 2, \ldots)$ über, von wo aus es in den verbleibenden $n - k - 1$ Schritten mit der Wahrscheinlichkeit $P(k + 1, j, d,)$ in die Menge E gelangt.

In der Beziehung (11.9) erscheinen für $k = n - 1$ die Wahrscheinlichkeiten

$$P(n, j, d) = \begin{cases} 1, & \text{wenn } \varepsilon_j \text{ zu E gehört,} \\ 0 & \text{sonst.} \end{cases}$$

Folglich gilt

$$P(n - 1, i, d) = \sum_{j:\varepsilon_j \in \mathrm{E}} p_{ij}(d),$$

wobei sich die Summation über alle j erstreckt, für die ε_j in E enthalten ist. Die Wahrscheinlichkeit $P(n - 1, i, d)$ hängt also nur vom Wert $d(\varepsilon_i, n - 1)$ des Steuerparameters d ab. Es sei $d^0(\varepsilon_i, n - 1)$ der Parameterwert, für den die Funktion

$$P(n - 1, i, d) = \sum_{j:\varepsilon_j \in \mathrm{E}} p_{ij}(d)$$

in Abhängigkeit von d aus D maximal wird:

$$P^0(n-1, i) = P(n-1, i, d^0) = \max_{d \in D} P(n-1, i, d). \tag{11.10}$$

(Stillschweigend wird hier und im weiteren vorausgesetzt, daß die betrachteten Funktionen von d ihr Maximum annehmen.)

Für jedes Paar $(\varepsilon_i, n-1)$ erhält man eine Zahl $d^0 = d_0(\varepsilon_i, n-1)$ $(i = 1, 2, \ldots)$.

Gilt $k = n-2$, so ergibt die Formel (11.9) die Beziehung

$$P(n-2, i, d) = \sum_j p_{ij}(d)\, P(n-1, j, d) \quad (i = 1, 2, \ldots).$$

Die Wahrscheinlichkeiten $p_{ij}(d)$ hängen dabei nur von den Werten $d = d(\varepsilon_i, n-2)$ der Entscheidungsfunktion $d = d(x, t)$ und die Wahrscheinlichkeiten $P(n-1, j, d)$ nur von den Werten $d = d(\varepsilon_j, n-1)$ dieser Funktion ab. Ersetzt man die Funktionswerte $d(\varepsilon_j, n-1)$ durch die oben definierten Zahlen $d^0(\varepsilon_j, n-1)$, so vergrößern sich die entsprechenden Wahrscheinlichkeiten $P(n-1, j, d)$ auf $P^0(n-1, j)$. Dadurch erhöhen sich auch die Wahrscheinlichkeiten $P(n-2, i, d)$, und zwar auf die Werte

$$P(n-2, i, d) = \sum_j p_{ij}(d) P^0(n-1, j) \quad (i = 1, 2, \ldots). \tag{11.11}$$

Die Abhängigkeit von der Entscheidungsfunktion $d = d(x, t)$ tritt hier nur noch durch die Abhängigkeit der Übergangswahrscheinlichkeiten $p_{ij}(d)$ von den Parameterwerten $d = d(\varepsilon_i, n-2)$ in Erscheinung. Für den Wert $d^0 = d^0(\varepsilon_i, n-2)$ sei die Funktion $P(n-2, i, d)$ maximal:

$$P^0(n-2, i) = P(n-2, i, d^0) = \max_{d \in D} P(n-2, i, d). \tag{11.12}$$

Gilt also für $x = \varepsilon_1, \varepsilon_2, \ldots$ und $t = n - 2, n - 1$ die Gleichung $d(x, t) = d^0(x, t)$, wobei die Zahlen $d^0(x, t)$ den in (11.10) und (11.12) definierten Werten gleich sind, dann nehmen die Wahrscheinlichkeiten $P(k, i, d)$ für $k = n - 2, n - 1$ und alle $i = 1, 2, \ldots$ die maximal möglichen Werte $P^0(k, i)$ an.

Korrigiert man die Entscheidungsfunktion $d = d(x, t)$, indem man für alle $x = \varepsilon_i, \varepsilon_2, \ldots$ und $t = n - 2, n - 1$

$$d(x, t) = d^0(x, t) \tag{11.13}$$

setzt, so kommt man zu der Gleichung

$$\begin{aligned} P(n - 3, i, d) &= \sum_j p_{ij}(d)\, P(n - 2, j, d) \\ &= \sum_j p_{ij}(d)\, P^0(n - 2, j). \end{aligned}$$

Nun wählt man wieder Parameter $d^0 = d^0\,(\varepsilon_i, n - 3)$, für die die Wahrscheinlichkeiten $P(n - 3, i, d)$ als Funktion von d maximal werden. Danach wird, wie bei $k = n - 1$ und $k = n - 2$, die Entscheidungsfunktion $d = d(x, t)$ abgeändert, indem ihre Werte $d(x, t)$ für $t = n - 3$ und alle $x = \varepsilon_1, \varepsilon_2, \ldots$ durch die entsprechenden optimalen Größen $d^0(x, t)$ ersetzt werden.

Führt man dieses Verfahren fort, so kann man schrittweise eine optimale Entscheidungsfunktion $d = d^0(x, t)$ $(x = \varepsilon_1, \varepsilon_2, \ldots;\ t = 0, 1, \ldots)$ bestimmen, bei der die Wahrscheinlichkeit $P(d) = P(0, i, d)$, die der Anfangsbedingung $\xi(0) = \varepsilon_i$ entspricht, ihren maximalen Wert erreicht. Im k-ten Schritt dieser iterativen Verbesserung der Entscheidungsfunktion $d = d(x, t)$ wird $d^0 = d_0\,(\varepsilon_i, n - k)$ so festgelegt, daß die Funktion

$$P(n - k, i, d) = \sum_j p_{ij}(d)\, P^0(n - k - 1, j) \tag{11.14}$$

für diesen Wert von d ihr Maximum $P^0(n - k, i)$ $(k = 0, 1, \ldots, n;\ i = 1, 2, \ldots)$ annimmt. Die der beschriebenen Methode zum Aufsuchen der Entscheidungsfunktion

$d^0 = d^0(x, t)$ zugrunde liegende Gleichung

$$P^0(k, i) = \max_{d \in D} \sum_j p_{ij}(d) \, P^0(k+1, j) \tag{11.15}$$

wird die BELLMAN*sche Gleichung* genannt.

Beispiel: Das zu steuernde System möge zwei Zustände ε_1 und ε_2 annehmen können. Die Übergangswahrscheinlichkeiten p_{11} und p_{21} sollen in Abhängigkeit von einem Parameter d die Intervalle $\alpha_1 \leqq p_{11}(d) \leqq \beta_1$ und $\alpha_2 \leqq p_{21}(d) \leqq \beta_2$ stetig durchlaufen. Wie erfolgt die optimale Steuerung, wenn man fordert, daß das System zu einem gewissen Zeitpunkt (sagen wir nach zwei Schritten) im Zustand ε_1 sein soll?

In diesem Fall gilt

$$P^0(1, 1) = \beta_1, \quad P^0(1, 2) = \beta_2$$

und

$$\begin{aligned} P^0(0, 1) &= \max_d \; [p_{11}(d)\beta_1 + p_{12}(d)\,\beta_2] \\ &= \max_d \, [p_{11}(d)\,(\beta_1 - \beta_2) + \beta_2]. \end{aligned}$$

Befindet sich der Prozeß anfangs im Zustand ε_1, so muß man, falls $\beta_1 \geqq \beta_2$ gilt, die Übergangswahrscheinlichkeit $p_{11}(d)$ möglichst groß wählen, das bedeutet hier $p_{11} = \beta_1$. Gilt dagegen $\beta_1 \leqq \beta_2$, so nimmt man für $p_{12} = 1 - p_{11}$ einen möglichst großen Wert, und zwar erreicht man das, indem man $p_{11} = \alpha_1$ setzt. Die optimale Lösung für den Fall, daß der Prozeß zu Anfang in ε_2 weilt, ergibt sich analog.

Eine Aufgabe zur Auswahl des besten Objektes (vgl. Abschnitt 3.1)

Wir betrachten die im Abschnitt 3.1 beschriebene Auswahlvorschrift und den ihr entsprechenden MARKOWschen Prozeß mit den Übergangswahrscheinlichkeiten

(s. S. 106)

$$p_{ij} = \begin{cases} 0 & \text{für } i \geqq j, \\ \dfrac{i}{j(j-1)} & \text{für } i < j \leqq m, \\ \dfrac{i}{m} & \text{für } j = m+1. \end{cases}$$

Wird das $\xi(k)$-te Objekt ausgewählt, so kann man das als Anhalten des Prozesses $\xi(0), \xi(1), \ldots$ interpretieren.

In jedem Zustand ε_i wird entschieden, ob der Prozeß angehalten wird, d. h., ob das i-te Objekt ausgewählt wird, oder ob die Untersuchungen weitergehen sollen. Wird er zum Beispiel im Zustand ε_i angehalten, so entsprechen dieser Entscheidung formal die Übergangswahrscheinlichkeiten p_{ij}, definiert durch

$$p_{ij} = \begin{cases} 1 & \text{für } i = j, \\ 0 & \text{für } i \neq j. \end{cases}$$

Andernfalls gelten die oben angegebenen Übergangswahrscheinlichkeiten. Damit haben wir einen gesteuerten MARKOWschen Prozeß vor uns, dessen Übergangswahrscheinlichkeiten von der Entscheidung des Beobachters abhängen. Für den Parameter d gibt es hier zwei Werte, sagen wir 0 und 1, die Anhalten bzw. Nichtanhalten des Prozesses im entsprechenden Zustand bedeuten. Wie die Übergangswahrscheinlichkeiten $p_{ij} = p_{ij}(d)$ von d abhängen, wurde bereits erwähnt. Jeder Auswahlprozeß läßt sich durch eine Entscheidungsfunktion $d = d(x)$ $(x = \varepsilon_1, \varepsilon_2, \ldots)$ beschreiben, die angibt, in welchem Zustand x man den Auswahlprozeß fortsetzen und in welchem man ihn abbrechen soll. Gesucht ist ein Auswahlverfahren, d. h. eine Entscheidungsfunktion $d = d(x)$ $(x = \varepsilon_1, \ldots, \varepsilon_m)$, so daß die Wahrscheinlichkeit, das absolut beste Objekt zu erhalten, maximal wird. Die Wahrscheinlichkeit, das beste Objekt zu bekommen, beträgt

$$P = \sum_i \frac{i}{m} p_i. \qquad (11.16)$$

Dabei ist p_i die Wahrscheinlichkeit dafür, daß der Prozeß im Zustand ε_i angehalten wird, und $\frac{i}{m}$ die Wahrscheinlichkeit dafür, daß das i-te untersuchte Objekt das absolut beste ist, unter der Bedingung, daß es besser als alle vorhergehenden ist (mit anderen Worten, unter der Bedingung, daß sich der Prozeß in ε_i befindet). Summiert wird über alle i, für die die Entscheidungsfunktion $d = d(x)$ ein Anhalten des Prozesses in ε_i vorschreibt. Die Wahrscheinlichkeit P hängt von der ausgewählten Entscheidungsfunktion $d = d(x)$ ab.

Wir wollen nun die optimale Entscheidungsfunktion $d^0 = d^0(x)$ berechnen. Zu diesem Zweck betrachten wir die Wahrscheinlichkeiten $P(k, d)$ dafür, daß das beste Objekt ausgewählt wird, unter der Annahme, daß k Objekte bereits untersucht wurden, und sich das k-te als bisher bestes erwies, d. h., daß sich der betrachtete Prozeß nach einer gewissen Schrittzahl im Zustand ε_k befindet.

Wegen der Formel für die totale Wahrscheinlichkeit gilt

$$P(k, d) = \sum_{j=k}^{m} p_{kj}(d)\, P(j, d). \qquad (11.17)$$

Befindet sich der Prozeß im Zustand ε_m, so ist das m-te untersuchte Objekt das beste, und der optimale Wert $d = d^0(\varepsilon_m)$ der Entscheidungsfunktion $d = d(x)$ ergibt sich zu $d^0(\varepsilon_m) = 0$. Setzt man $d(\varepsilon_m) = d^0(\varepsilon_m) = 0$, so folgt $P(m, d) = 1$. Für $k = m - 1$ und $d(\varepsilon_m) = 0$ erhält man aus (11.16) und (11.17)

$$P(m-1, d) = \begin{cases} \dfrac{m-1}{m}, & \text{wenn } d(\varepsilon_{m-1}) = 0, \\[2ex] \dfrac{m-1}{(m-1)\,m}, & \text{wenn } d(\varepsilon_{m-1}) = 1. \end{cases}$$

Der optimale Wert $d^0(\varepsilon_{m-1})$ der Entscheidungsfunktion $d = d(x)$ ist auch hier $d^0(\varepsilon_{m-1}) = 0$. Die maximal mögliche Wahrscheinlichkeit $P(m-1, d)$ ergibt sich in Abhängigkeit von $d = d(x)$ zu $P^0(m-1) = \dfrac{m-1}{m}$.

Angenommen, für $x = \varepsilon_k, \ldots, \varepsilon_m$ sind die optimalen Werte der Entscheidungsfunktion $d = d(x)$ alle gleich 0. Das bedeutet: Kommt der Prozeß in einen dieser Zustände, so wird er angehalten. Gesucht ist der optimale Wert $d^0(\varepsilon_{k-1})$ von d.

Aus (11.16) und (11.17) ergibt sich

$$P(k-1, d)$$
$$= \begin{cases} \dfrac{k-1}{m}, & \text{wenn } d(\varepsilon_{k-1}) = 0, \\ \dfrac{k-1}{(k-1)k}\dfrac{k}{m} + \dfrac{k-1}{k(k+1)}\dfrac{k+1}{m} & \\ \qquad + \cdots + \dfrac{k-1}{(m-1)m} 1, & \text{wenn } d(\varepsilon_{k-1}) = 1. \end{cases}$$

Für den optimalen Wert $d^0(\varepsilon_{k-1})$ der Funktion $d = d(x)$ gewinnt man daraus

$$d^0(\varepsilon_{k-1}) = \begin{cases} 0 \text{ für } \dfrac{1}{k-1} + \dfrac{1}{k} + \cdots + \dfrac{1}{m-1} \leqq 1, \\ 1 \text{ sonst}. \end{cases} \tag{11.18}$$

Man rechnet leicht nach, daß die optimale Entscheidungsfunktion $d^0 = d^0(x)$ die folgende Form besitzt:

$$d^0(\varepsilon_k) = \begin{cases} 0 \text{ für } & k \geqq m_0, \\ 1 \text{ für } & k < m_0, \end{cases}$$

wobei m_0 eine gewisse natürliche Zahl ist.

Die günstigste Auswahl eines Objektes erfolgt demnach so: Man betrachtet zunächst $m_0 - 1$ Objekte und setzt dann die Untersuchung so lange fort, bis eines auftritt, das besser als alle bis dahin herausgegriffenen ist. Dieses Objekt wird ausgewählt. Nach (11.18) ist m_0 die größte natürliche Zahl, für die

$$\frac{1}{m_0 - 1} + \frac{1}{m_0} + \cdots + \frac{1}{m - 1} > 1$$

gilt. Für große m ist die Zahl m_0 ungefähr gleich $\frac{m}{e}$ mit $e = 2{,}78 \ldots$.

Sachverzeichnis

Berichtigungen

S. 50, Z. 3 v. o.: Statt $\bigcap_{k=n}^{n+m} \mathsf{P}(\bar{A}_k)$ lies $\prod_{k=n}^{n+m} \mathsf{P}(\bar{A}_k)$

S. 97, (7.14): Lies $\int_{x'}^{x''} p(x)\,dx$

S. 120, Z. 1 v. u.: Statt $p_j^* p_{ij}$ lies $p_i^* p_{ij}$

S. 131, Z. 9 v. u.: Statt $\lim_{\Delta t = 0}$ lies $\lim_{\Delta t \to 0}$

S. 132, Z. 6 v. o.: Statt $\lim_{\Delta t = 0}$ lies $\lim_{\Delta t \to 0}$

S. 144, Z. 7 v. u.: Statt $1 - (1 - z)\,e^{-t}$ lies $1 - (1 - z)^{e^{-t}}$

S. 149, Z. 10 v. o.: Statt $0 \leqq t \leqq \infty$ lies $0 \leqq t < \infty$

Rosanow

Bei Fragen zur Produktsicherheit wenden Sie sich bitte an:
If you have any questions regarding product safety,
please contact:

Walter de Gruyter GmbH
Genthiner Straße 13
10785 Berlin
productsafety@degruyterbrill.com